세상에서 가장 쉬운
# 우주과학
## 수업

# 세상에서 가장 쉬운 우주과학 수업

마윈의 과학 스승 리먀오 교수의
재미있는 우주 이야기

리먀오, 왕솽 지음 | 고보혜 옮김

더숲

만물은 바라볼 때만 현실로 존재한다.
바라보지 않으면 모습을 드러내지 않는다.
우주가 존재하는 건
누군가가 우주를 바라보기 때문이다.

─존 휠러John Wheeler

# CONTENTS

# 1

# 지구는
# 어떤 모양일까?

제 1 강

　중국 문화에 익숙하거나 위챗(중국에서 주로 쓰는 무료 채팅 앱—옮긴이)을 자주 사용한다면 위챗의 로그인 화면이 매우 익숙할 것이다. 쓸쓸해 보이는 한 소년이 광활한 우주에 파란색과 흰색이 뒤섞인 커다란 구가 떠다니는 모습을 가만히 바라보는 장면이다. 이 장면은 '블루 마블The Blue Marble'이라고 불리는 실제 사진에서 유래한 것으로, 블루 마블은 아폴로 17호의 승무원이 1972년 12월 7일 우주에서 촬영했다(현재 위챗 로그인 화면은 중국 인공위성 풍운 4호가 촬영한 지구 사진으로 교체되었다). 우주에 떠 있는 이 커다란 구가 지금 우리가 밟고 있는 땅, 지구의 전체 모습이다.

　그런데 만약 "지구는 왜 이런 모양일까? 어떻게 알 수 있지?"라고 질문을 던진다면, 아마 많은 독자가 그 까닭을 쉽게 설명하지 못할 것이다. 인류는 아주 오래전부터 '지구는 도대체 어떤 모양인가?'라는 질문을 놓고 고민해왔다. 주요 문명에서 이를 두고 여러 추측을 내놓기도 했다.

예를 들어 중국 역사에서는 오랫동안 개천설蓋天說과 혼천설渾天說에 관한 논쟁이 있었다. 주나라 시대의 사람들은 개천설을 믿어 '둥근 하늘은 뚜껑과 같고, 땅은 장기판과 같다'라고 생각했다. 다시 말해 커다랗고 둥근 우산 같은 하늘이 정사각형의 장기판 같은 평평한 땅을 덮고 있다고 여겼다. 하지만 한나라의 천문학자인 장형張衡은 혼천설에 더 주목했다. 그는 '하늘이 달걀 껍데기라면 땅은 달걀의 노른자위'라고 생각했다. 지구가 거대한 달걀과 같아서 하늘이 달걀 껍데기처럼 노른자위에 해당하는 땅을 감싸고 있다는 것이다.

한편 고대 인도인은 네 마리의 코끼리가 등으로 지구를 받치고 있으며 이 네 마리의 코끼리는 한 마리의 거대한 바다거북 위에 서 있다고 생각했다. 이 설과 관련하여 한 가지 재미있는 이야기가 있다.

영국의 유명한 철학자이자 사회사상가인 버트런드 러셀Bertrand Russell이 어느 강연에서 우리가 사는 이 세계를 묘사했다. 강연이

끝나자 뒷자리에서 한 노부인이 일어나 소리쳤다. "터무니없는 소리군요! 지구는 거대한 바다거북이 짊어지고 있는 거라고요." 러셀은 예의를 갖추어 물었다. "그렇다면 그 바다거북은 또 어디에 서 있겠습니까?" 그러자 노부인이 대답했다. "똑똑한 젊은이군요. 그 바다거북은 또 한 마리의 바다거북 위에 서 있다오. 그렇게 바다거북이 끝없이 쌓여 탑을 이루는 거지."

지구에 관한 옛 사람들의 추측은 과연 옳았을까? 실험 하나로 어렵지 않게 검증해볼 수 있다. 중국의 수도 베이징에서 비행기를 타고 출발하여 동쪽으로 약 13시간을 날아가면 미국의 가장 큰 도시인 뉴욕에 도착한다. 그런 다음 뉴욕에서 비행기를 타고 계속 동쪽으로 날아가면 약 7시간 후 영국의 수도인 런던에 도착한다. 다시 런던에서 출발하여 동쪽으로 약 11시간을 날아가면 어떻게 될까? 맨 처음 출발했던 베이징으로 돌아오게 된다.

이 실험은 '지구는 평평하지 않고 둥글다'는 한 가지 분명한 사실을 증명한다. 실험하는 동안 비행기는 줄곧 지구의 표면을 따라 한 방향으로 날았다. 만약 지구가 평평하다면 한 방향으로 비행할수록 원래 떠나온 곳에서 계속 멀어져 영원히 돌아올 수 없었을 것이다. 하지만 계속해서 비행했더니 놀랍게도 출발했던 곳으로 되돌아왔다. 이는 지구가 둥글다는 사실을 입증한다. 그렇지 않다면

아리스토텔레스(BC 384~322)

소크라테스, 플라톤과 함께 고대 그리스의 가
장 영향력 있는 철학자. 플라톤의 제자이자
알렉산드로스 대왕의 스승이다.

출발했던 곳으로 되돌아올 수 없었을 테니 말이다. 이 사실만 보더
라도 위챗의 지구 영상은 믿을 만하고 지구에 관한 옛 사람들의 추
측은 모두 틀렸다고 확신할 수 있다.

　이렇게 지구가 둥글다는 사실을 쉽게 증명할 수 있다. 하지만
비행기와 같은 현대적인 교통수단이 없는 고대라면 지구가 둥글다
는 사실을 증명하기가 쉽지 않았을 것이다. 세계 최초로 지구가 둥
글다는 사실을 과학적으로 증명한 사람은 고대 그리스 철학자 아

리스토텔레스Aristoteles다.

아리스토텔레스는 부유한 가정에서 태어났다. 그의 아버지는 마케도니아 국왕의 궁정 의원이었다. 17세가 되던 해, 아리스토텔레스는 당시 세계 최고의 학부이자 위대한 철학자 플라톤Plato이 세운 학교 아카데미아Academia에 입학했다. 플라톤의 학교는 오늘날의 학교와는 완전히 달랐다. 그곳에는 강의실 대신 큰 공원이 있었다. 학생들은 마치 모임에 참여하듯 플라톤과 함께 공원에서 토론을 하고 먹고 마시기도 했다고 하니 지금의 학생들이 들으면 아마 몹시 부러워할 것이다.

태어날 때부터 남달리 총명했던 아리스토텔레스는 학생들 중에서도 단연 돋보였다. 플라톤도 그의 명석함을 눈여겨보고 '아카데미의 정신Nous'이라고 부를 정도였다. 아리스토텔레스도 그런 스승을 무척 존경해 많은 시를 지어 플라톤을 찬양했다. 하지만 아리스토텔레스는 주관이 뚜렷한 사람이었다. 플라톤의 학술적 관점을 그대로 받아들이지 않았다. 심지어 학교 모임에서도 여러 사람 앞에서 거리낌 없이 플라톤의 주장에 반박했을 정도였다. 누군가 그에게 스승을 존경할 줄 모른다고 나무라자 아리스토텔레스는 "내게는 스승도 소중하지만 진리는 더 소중하다"라는 명언을 남겼다.

플라톤이 아리스토텔레스를 후계자로 삼지 않은 건 이렇듯 서로 학술적인 관점이 달랐기 때문일 수도 있다. 플라톤이 세상을 떠난 후 아리스토텔레스 역시 20년 동안 살아온 아테네를 떠났다. 그러고는 몇 년간 그리스의 여러 곳을 떠돌아다니다 마케도니아 국왕의 청을 받아들여 어린 시절을 보냈던 지방으로 돌아갔다. 그곳에서 그의 인생에 두 번째로 영향을 미친 사람을 만난다. 불과 13살이었던 자그마한 소년, 훗날 천하에 위세를 떨치는 알렉산드로스 대왕이다.

그 후 몇 년간 아리스토텔레스는 장차 세계의 군주가 될 알렉산드로스에게 그리스 문명의 모든 정수精髓를 전수했으며 그와 인간적으로 깊은 관계를 쌓았다. 8년 후 마케도니아 왕위를 물려받은 알렉산드로스 대왕은 곧장 소동을 일으키려는 그리스 도시국가를 정복했다. 야심으로 가득한 알렉산드로스는 이 정도에 만족하지 않고 동쪽의 페르시아 제국으로 눈을 돌렸다. 그가 페르시아로 원정을 떠나기 전날 밤, 아리스토텔레스는 국왕의 특사 자격으로 아테네로 돌아갔다. 알렉산드로스가 많은 토지와 재산을 후원해준 덕분에 아리스토텔레스는 세계 석학의 중심지였던 아테네에 자신의 학교를 설립하는 꿈을 이루었다.

아리스토텔레스는 괴짜 스승이었다. 앉아서 수업하는 것을 싫어하여 항상 학생들을 데리고 정원을 거닐며 학술적인 주제에 관해 토론했다. 그런 이유로 사람들은 아리스토텔레스와 그의 제자들을 '소요학파逍遙學派'라고 불렀다. 아리스토텔레스가 자신의 강의록을 엮은 많은 학술 저서는 역사상 가장 오래된 교과서가 되었다. 이 저서들의 내용은 당시 인류가 다루는 모든 분야를 망라했다. 그때문에 사람들은 아리스토텔레스를 세상에서 가장 박식한 사람이라고 생각했다. 그중 《천체에 관하여On the Heavens》에서 아리스토텔레스는 처음으로 지구가 둥근 이유를 과학적으로 논증했다.

그는 어떻게 이 사실을 발견했을까? 매우 간단하다. 맑은 날 아침 해가 뜨면 자신의 그림자가 땅에 드리우는 모습을 볼 수 있다. 이는 우리 몸이 햇빛을 가리면서 그 반대편 땅에 햇빛이 비치지 않

기 때문이다. 이때 주의 깊게 살펴보면 그림자 모양이 실제 몸과 조금밖에 차이가 나지 않는다는 사실을 발견하게 된다. 거꾸로 말하자면, 한 물체의 그림자 모양으로 이 물체가 어떤 모양인지 대략 판단할 수 있다는 것이다. 아리스토텔레스는 '지구의 모양을 정확하게 알 수는 없을지라도 지구 그림자의 모양은 알 수 있지 않을까?'라고 생각했다. 다행히도 하늘에 생긴 지구의 그림자를 볼 수 있었으니, 그것이 바로 '월식'이다.

다음 그림은 월식의 발생 과정을 설명하는 그림이다. 잘 보이던 둥근 달이 무언가에 의해 흐릿해지는 듯하다가 갑자기 검게 변한

**월식의 발생 과정**

다. 그리고 검게 변한 부분이 점점 커지다 마침내 달 전체를 삼켜
버린다. 옛날 사람들은 월식이 아주 불길한 징조라고 생각했다. 중
국에는 '달을 삼킨 하늘 개' 전설이 있다. 사람들은 월식을 사나운
개가 달을 삼킨 것이라고 생각해서 월식이 있는 날은 이 사나운 개
를 쫓기 위해 집집마다 모두 거리로 나와 북을 두드렸다.

그런데 약 2,000여 년 전 고대 그리스 사람들은 월식이 사실 태
양과 달 사이에 놓인 지구가 태양의 빛을 가려 생긴 그림자라는 사
실을 발견했다. 아리스토텔레스는 몇 차례의 월식을 관찰하면서
한 가지 흥미로운 사실을 알아냈는데, 월식이 발생할 때마다 달빛
을 가리는 검은 그림자의 가장자리가 항상 둥글다는 것이었다. 그
는 이러한 현상에 착안해 지구의 그림자는 분명 둥글 것이라 추측
했다. 이는 곧 지구 자체가 둥글다는 것을 의미했다.

물론 월식을 관찰할 때 보이는 것은 분명 지구의 그림자이지만
이것이 지구의 모양을 유추하는 직접적인 증거가 될 수는 없다. 근
본적으로 지구가 둥글다는 사실을 증명하려면 앞에서 했던 실험처
럼 어떤 지역에서 출발하여 한 방향으로 계속 걸어가 결국 출발지
로 돌아와야 한다. 결코 쉽지 않은 일이다. 그런데 최초로 이 쾌거
를 이룬 사람이 있다. 바로 항해가 마젤란Ferdinand Magellan이다.

인류 역사상 가장 위대한 지리적 대발견을 이룩한 시대를 '대항

해 시대'라고 한다. 이 시대에는 대서양을 횡단하여 아메리카 대륙을 발견한 콜럼버스Christopher Columbus, 희망봉을 돌아 인도로 가는 새로운 항로를 개척한 바스쿠 다가마Vasco da Gama 등 유명한 항해가가 많이 탄생했다. 그중 대항해 시대의 마지막 대항해가가 바로 마젤란이다.

1519년 9월 20일, 스페인 국왕의 재정적 지원을 받은 마젤란은

페르디난드 마젤란(1480~1521)
포르투갈 태생의 스페인 항해가이자 탐험가. 최초로 세계 일주(1510~1521)를 하여 지구는 둥글다는 사실을 처음으로 입증했다.

다섯 척의 배와 270명의 선원을 이끌고 스페인의 세비야 항구에서 돛을 올려 출항했다. 거의 재난에 가까운 항해였다. 선단은 기아, 질병, 폭풍, 내홍內訌, 전쟁 등 셀 수 없이 많은 위기를 만났고, 그때마다 남을 속이고 함정에 빠뜨리며 겨우 난관을 모면했다.

마젤란의 선단이 태평양의 한 작은 섬에 도착했을 때의 일이다. 당시 배에는 이미 음식과 먹을 물이 거의 남지 않은 상태였다. 섬의 원주민은 그들을 도우려 하지 않았고 선단은 곧 전멸할 지경이었다. 그때 마침 월식이 발생했는데 과학의 '과'자도 모르는 원주민들은 이에 깜짝 놀라 거의 초주검이 되었다. 마젤란은 이 기회를 놓치지 않았다. 월식은 자신들이 신통력을 부려 일어난 현상이라며 요구를 들어주지 않으면 더 많은 월식을 일으켜 섬에 재앙을 불러오겠다고 겁을 주었다. 그러자 원주민들이 혼비백산하여 순순히 물과 음식을 바쳤다고 한다.

마젤란에게 계속 행운이 따르지는 않았다. 필리핀에서 원주민 전쟁에 휘말려 결국 그곳에서 죽음을 맞이한다. 남은 선원들은 마젤란의 뜻을 따라 지구를 일주하는 항해를 이어갔다. 1522년 9월 6일 선단은 마침내 그들이 출발했던 스페인 세비야 항으로 돌아왔다. 1,000일이 넘는 항해 끝에 살아 돌아온 사람은 겨우 한 척의 배에 탄 18명의 선원뿐이었다. 대가는 가혹했지만 역사에 길이 남을 대항해는 우리가 밟고 있는 지구가 둥글다는 사실을 의심의 여지 없이 확실히 증명한 사건이었다. 이후 사람들은 우리가 생활하는 이 땅을 '지구'라고 부르게 되었다.

여기서 "지구가 둥글다고만 얘기했지 왜 둥근지는 아직 설명하지 않았는데요?"라고 묻는 독자가 있을 것이다. 이 질문의 답은 만유인력萬有引力에서 찾을 수 있다.

뉴턴Isaac Newton과 사과의 일화는 모두 들어봤을 것이다. 어느 날 위대한 과학자 뉴턴이 사과나무 아래 앉아 하늘의 별은 어떻게 운동하는지 곰곰이 생각하는데 잘 익은 사과 하나가 그의 머리 위로 떨어졌다. 우연한 이 상황이 뉴턴에게 영감을 주리라고 누가 생각이나 했을까? 그는 어떠한 질량을 가진 두 물체 사이에는 서로 끌어당기는 힘이 존재한다는 사실을 깨달았다. 이 힘의 크기는 두 물체의 질량의 곱에 비례하고, 두 물체의 거리의 제곱에 반비례한다. 이러한 힘은 우주 전체에 존재한다. 이 힘은 잘 익은 사과를 나무에서 떨어뜨릴 수도 있고, 커다란 행성이 태양 주변을 돌게 할 수도 있다. 이처럼 우주 어디에나 존재하는 힘을 만유인력이라고 한다.

이 이야기는 프랑스의 위대한 사상가 볼테르Voltaire가 쓴 뉴턴 전기를 통해서 알려졌다. 볼테르는 뉴턴의 조카딸에게 이 일화를 전해 들었다고 했지만 뉴턴 본인이 남긴 기록에는 이 드라마틱한 사과 이야기가 전혀 등장하지 않는다. 어떻게 된 일일까? '수학의 황제'라 불리는 독일의 가우스Carl Friedrich Gauss는 이렇게 추측하기도 했다. 어느 날 누군가 뉴턴을 찾아가 만유인력을 어떻게 발견했는지 집요하게 캐묻자 자신을 귀찮게 하는 사람을 떼어낼 생각으로 사과가 머리에 떨어지면서 영감을 얻었다고 둘러댔는데, 마침 그 말을 들은 뉴턴의 조카딸이 이를 사실로 오해했다는 것이다.

만유인력이 있기에 지구가 왜 둥근지 설명할 수 있다. 미끄럼틀을 타본 사람이라면 누구나 알 것이다. 미끄럼틀 꼭대기에 앉으면 순식간에 아래로 미끄러져 내려온다. 왜 아래를 향해 미끄러질까? 지구가 당신을 한 방향으로 끌어당기기 때문이다. 이렇게 끌어당기는 힘을 인력이라고 한다. 그렇다면 왜 바닥으로 내려올까? 지면 가까이에 있을 때 인력이 가장 약하기 때문이다.

물리학에서 매우 중요한 원리 중 하나가 '물체는 항상 에너지가 가장 낮은 상태에 있고 싶어 한다'는 사실이다. 예를 들어 아주 게으른 사람이 있다고 하자. 그는 앉을 수 있다면 절대 서 있지 않을 것이고, 누울 수 있다면 절대 앉지 않을 것이다. 눕는 것이 가장 편한 이유는 누웠을 때 지구의 인력에 저항하기 위해 소모하는 에너지가 가장 적기 때문이다.

이 원리를 지구 전체에 적용해볼 수 있다. 지구 역시 인력이 가장 낮은 상태를 유지하고 싶어 한다. 그렇다면 어떤 상태에서 지구의 인력이 가장 낮아질까? 정답은 지구가 둥근 모양일 때다. 이 규칙은 어디에나 적용할 수 있다. 질량이 큰 다른 물체(우리가 잘 아는 태양이나 달)가 둥근 모양을 띠는 이유도 같은 원리다.

이제 지구가 둥글다는 사실을 확실히 알게 되었다. 그렇다면 그 크기는 얼마나 클까? 과학적 사고에 따라 실험으로 검증해보자. 또 한 번 베이징에서 출발해볼 텐데, 이번에는 지구 전체의 크기를 측정하려는 것이므로 앞 실험과 똑같은 비행노선을 따르지 않는

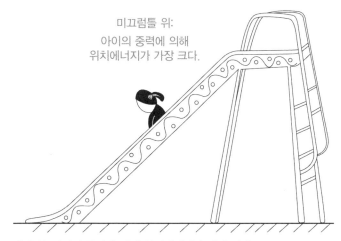

미끄럼틀 위:
아이의 중력에 의해
위치에너지가 가장 크다.

지면 위: 아이의 중력에 의해 위치에너지가 가장 작다.

다. 앞 실험의 비행노선은 지구가 둥글다는 것을 알아보는 실험이어서 지구 둘레 측정과는 관계가 없다. 이번에는 지구 반대편, 그러니까 베이징에서 가장 먼 곳으로 날아갔다가 다시 돌아올 것이다. 과학에서 지구의 중심을 지나는 지구 반대편을 '대척점'이라고 한다. 베이징의 대척점은 아르헨티나의 항구도시 바이아블랑카다.

　이제 바이아블랑카를 향해 떠나보자. 직항이 없으므로 반드시 경유해야 한다. 베이징에서 미국 댈러스로 가서 다시 아르헨티나의 수도 부에노스아이레스로 가는 노선이 가장 가깝다. 부에노스아이레스에서 다시 비행기를 타고 바이아블랑카로 날아간다. 이 노선은 분명 동쪽을 향하고 있다. 이제 계속 동쪽으로 날아가 보

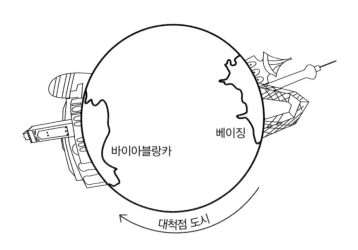

자. 바이아블랑카에서 비행기를 타고 다시 부에노스아이레스로 가서 네덜란드의 수도 암스테르담으로 날아간다. 마지막으로 암스테르담에서 다시 비행기를 타고 베이징으로 돌아온다.

이렇게 지구의 가장 큰 원을 한 바퀴 돌았다. 중간에 경유하느라 대기했던 시간을 제외하고 지구 한 바퀴를 도는 데 약 50시간이 걸렸으니 마젤란의 세계 일주보다는 훨씬 수월하다. 비행기의 평균 비행 속도는 시속 800~1,000km다. 시간에 속력을 곱하면 지구 둘레가 4만~5만km에 달한다는 것을 금방 계산해낼 수 있다.

물론 과거 비행기가 없던 시절이라면 이런 실험은 어림없다. 하지만 과학자들은 끊임없이 연구한 결과, 지구의 크기를 측정할 수 있는 기막힌 방법을 생각해냈다. 세계에서 처음으로 정확하게 지구 둘레를 측정한 사람은 고대 이집트의 철학자 에라토스테네스Eratosthenes다.

아리스토텔레스의 제자 알렉산드로스 대왕을 기억할 것이다. 서른 살 즈음 알렉산드로스 대왕은 이미 그리스와 이집트, 페르시아, 인도를 정복해 거대한 제국을 세웠다. 하지만 안타깝게도 그는 얼마 안 가서 병으로 세상을 떠났다. 그 후 내전이 발발해 그의 지휘 아래 있던 몇몇 장군이 그의 제국을 나누어 가졌다. 그중 한 사람이 프톨레마이오스 1세Ptolemaeos I다. 그는 이집트 전체를 차지하고 그 후 300여 년간 지속된 프톨레마이오스 왕조를 세웠다. 이 왕조는 수도를 알렉산드리아로 정했다. 세계의 7대 불가사의 중 하나로 꼽히는 알렉산드리아 파로스 등대(알렉산드리아 대등대)가 바로 이곳에 있다.

프톨레마이오스 1세는 칼로 국왕의 자리에 올랐지만 사실 그는 문화인이었다. 그는 알렉산드리아 도서관을 설립하고 전 세계의 모든 책을 수집하리라 결심했다. 그의 후계자도 이 도서관을 중시하여 많은 돈을 들여 세계의 저명한 학자를 초빙했다. 기하학의 아

에라토스테네스(BC 274~196)

고대 그리스의 수학자 · 천문학자 · 지리학자. 지구 둘레를 처음으로 계산해냈으며, 소수를 찾아내는 방법인 에라토스테네스의 체를 고안했다. 또한 최초로 지리상의 위치를 위도 · 경도로 표시한 것으로 알려져 있다.

버지 유클리드Euclid, 역학의 아버지 아르키메데스Archimedes가 모두 이 도서관에서 오랫동안 일했다. 3대 국왕 프톨레마이오스 3세에 이르러 새 도서관장에 오른 사람이 바로 지리학의 아버지라 불리는 에라토스테네스다.

매우 성실했던 에라토스테네스는 알렉산드리아 도서관의 장서량을 늘리기 위해 최선을 다했다. 그가 막 부임했을 당시 세계에서 장서가 가장 많은 도서관은 그리스에 있었다. 인쇄술이 아직 발명되기 전이어서 모든 책은 손으로 직접 써야 했다. 에라토스테네스는 그리스 도서관에 많은 돈을 지불하고 대량의 책을 모사했는데 이 모사 상태가 훌륭해 진짜와 가짜를 구분할 수 없을 정도였다. 그래서 책을 반납할 때 간사하게도 사본을 돌려주고 진품을 알렉산드리아 도서관에 남겼다. 이렇듯 알렉산드리아 도서관은 부당한 방법까지 총동원하여 세계 최대 도서관으로 성장했다.

일상적인 관리 외에도 에라토스테네스는 도서관 자원을 최대한 활용하여 학술 연구에 힘을 쏟았다. 다방면에 재능이 뛰어났던 그는 수학, 물리학, 천문학, 지리학은 물론 시가詩歌나 연극에까지 대단한 공을 세웠다. 그중 가장 유명한 업적이라면 뭐니 뭐니 해도 지구 둘레를 측정한 일이다.

이집트 남부 도시 시에네(지금의 아스완, 아스완댐이 있는 곳) 근처

나일강 가운데에 모래섬이 하나 있었다. 섬에는 깊은 우물이 있었는데, 하짓날 정오 무렵이 되면 태양빛이 우물 바닥을 비추었다. 태양이 시에네 바로 위에 있음을 의미했다. 이 현상은 꽤 유명해서 매년 많은 관광객이 모여들었다. 에라토스테네스는 이를 지구 둘레를 측정하는 데 응용할 수 있다는 사실을 깨달았다.

아래의 그림이 바로 에라토스테네스가 지구 둘레를 측정한 원리를 보여주는 개략도다. 그림에서 자주색 직사각형이 시에네의 우물이다. 하짓날 정오 무렵 붉은색 평행선으로 표시된 태양빛이

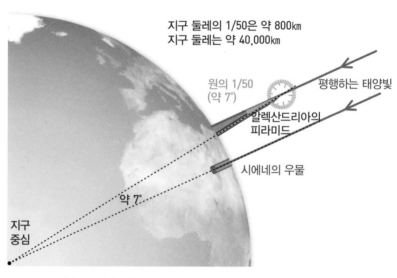

에라토스테네스가 지구 둘레를 측정한 원리를 보여주는 개략도

이 우물 바닥을 똑바로 내리쬔다. 바로 이 순간 에라토스테네스는 시에네에서 800km(그가 이집트 대상隊商을 고용하여 측정한 거리) 떨어진 알렉산드리아에서 꽤 높은 피라미드(주황색 부분)의 그림자 길이를 측정했다. 그리고 알렉산드리아 피라미드와 태양광선의 끼인각(초록색 부분)을 계산했더니 약 7°였다. 간단한 기하학 지식을 활용하면 시에네와 알렉산드리아의 원호圓弧에 해당하는 지구 중심각 역시 7° 라는 사실을 알 수 있다. 이것은 둘 사이의 거리가 대략 지구 둘레의 50분의 1에 해당한다는 사실을 의미한다. 이렇게 에라토스테네스가 측정한 지구 둘레는 3만 9,375km다.(에라토스테네스의 지구 둘레 측정에 관하여 한국과 중국의 수치가 조금 다르다. 한국에서는 시에네에서 알렉산드리아까지의 거리가 925km, 알렉산드리아 피라미드와 태양광선의 끼인각이 약 7.2°, 에라토스테네스가 측정한 지구 둘레가 약 4만 6,250km로 알려져 있다−옮긴이)

이것은 인류 역사상 가장 유명한 실험 중 하나로 꼽힌다. 에라토스테네스의 측정 결과가 얼마나 정확했는지 무려 1,800여 년 동안이나 그를 뛰어넘는 사람이 나타나지 않았다. 처음으로 그를 뛰어넘은 사람은 영국의 선원이자 수학자였던 리처드 노우드Richard Norwood다.

1616년 당시 26세였던 노우드는 버뮤다Bermuda에 엄청나게 많은 진주가 있다는 말을 듣고 호기롭게 배를 타고 영국의 식민지 버뮤다 군도로 떠났다. 큰돈을 벌고자 길을 나섰지만 도착해보니 진주는 누군가 다 가져가고 없었다. 노우드는 어쩔 수 없이 계획을 바꿔 현지 정부에 지도를 그려주기로 했다. 기하학에 정통한 몇몇 사람의 도움을 받아 노우드는 당시 가장 정확한 버뮤다 지도를 완성했다. 이 경험은 지구 둘레를 측정하겠다는 의지를 불태우는 계기가 되었다.

그 후 노우드는 영국으로 돌아와 런던의 한 학교에서 수학을 가르쳤다. 하지만 지구의 크기를 측정하겠다는 꿈은 사그라지지 않았다. 1633년 하짓날, 그는 마침내 행동에 나서기로 결심하고 혼자서 지구 둘레 측정이라는 엄청난 일에 뛰어들었다. 노우드는 런던탑에서 시작하여 한 걸음씩 북쪽을 향해 걸었다. 2년에 걸쳐 걸으며 걸어온 거리를 측정했다. 그는 매일 걸은 거리를 빈틈없이 기록했고 도로 기복이나 변화 등 방해 요소에 따라 세심하게 수정했다. 마침내 1635년 하짓날 목적지인 요크York에 도착했다. 그리고 그곳에서 다시 한번 에라토스테네스의 각도 측정 실험을 했다. 노우드가 계산해낸 지구 둘레는 3만 9,860km였다.

노우드는 지구 둘레 측정 실험을 《선원의 실천The Seaman's Practice》이라는 책에 소개했고 이 책으로 유명세를 탔다. 심지어 뉴턴까지도 저서 《자연철학의 수학적 원리Philosophiae Naturalis Principia Mathematica(프린키피아)》에 노우드의 측정 결과를 인용했다. 명성을 얻은 노우드는 다시 버뮤다로 돌아와 현지 최초의 학교를 세웠다. 하지만 안타깝게도 그 이후의 삶은 평탄하지 않았다. 그가 죽기 전 20년 동안 마녀 재판이 성행했는데, 그러한 사회 분위기가 점차 버뮤다 군도에까지 미쳤다. 노우드는 사람들이 낯선 부호로 가득한 자신의 기하학 논문을 마귀와 교류하는 증거로 오해할까 두려워했다. 결국 그는 하루 종일 안절부절못하고 불안에 떨며 말년을 보냈다고 한다.

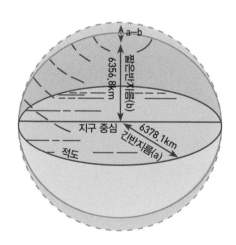

자전으로 인해 타원형으로 변한 지구

과학이 발전하고, 특히 위성 관측 기술이 응용되면서 이제 사람들은 지구의 모양과 크기를 더 자세히 알게 되었다. 과학자들은 지구가 계속 자전하면서 완벽한 구형이 아니라, 적도 부분이 약간 볼록하고 양극이 평평한 타원형이 되었다는 사실을 발견했다. 33쪽의 그림을 보면 더욱 명확히 알 수 있다. 인공위성에서 측정한 결과에 따르면 지구의 적도 반경(지구 중심에서 적도까지의 거리)이 약 6,378km인데 반해 극반경(지구 중심에서 극까지의 거리)은 약 6,356km로 적도 반경보다 약간 짧다. 하지만 둘의 차이는 1,000분의 3에 불과하다. 그래서 지구가 비교적 반듯한 원형으로 보이는 것이다.

　　흔히 말하는 지구 둘레는 적도의 길이를 말한다. 위성 측정 결과에 따르면 4만 76km다. 4만km라면 얼마나 긴 걸까? 마라톤을 인간의 한계에 도전하는 운동이라고 말한다. 마라톤의 거리는 42.195km, 중학교 운동장의 트랙(약 400m)을 105바퀴 반 정도 도는 거리에 해당한다. 뛰어난 마라톤 선수가 하루에 한 번 마라톤을 한다고 가정하면 950일을 매일 달려야 지구 한 바퀴를 돌 수 있다. 인류에게 지구는 이렇게 방대하다.

　　이제 우리가 살아가는 아름다운 터전의 기본적인 모습을 머릿속에 그려볼 수 있을 것이다. 만유인력의 영향으로 지구는 비교적 반듯하고 큰 구가 되었다. 그 둘레는 약 4만km, 950번의 마라톤을

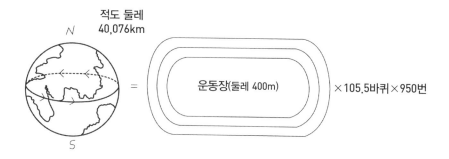

적도 둘레
40,076km

운동장(둘레 400m) ×105.5바퀴×950번

해야 한 바퀴를 돌 수 있는 크기에, 푸른색 구슬과 같은 모양으로 홀로 우주에 떠 있다. 하지만 이 모든 것은 지구의 주변에서 본 모습이다. 제1강의 마지막에서는 멀고 먼 태양계의 끝에서 지구를 보았을 때 과연 어떤 모습일지 소개해보려 한다.

그 전에 들려줄 이야기가 있다. 인류의 우주 탐사 역사상 가장 소설 같은 우주 탐색 프로젝트인 보이저호 우주 탐사에 관한 이야기다. 미국의 수학자 마이클 미노비치Michael Minovitch를 빼놓고 우주 탐사를 말할 수 없다. 1961년 미노비치는 캘리포니아대학교 로스앤젤레스 캠퍼스의 수학과 대학원생이었다. 당시 그는 삼체三體라는 매우 어려운 수학 문제를 연구 중이었다. '삼체'라는 단어는 중국의 유명 SF 작가인 류츠신劉慈欣의 SF 시리즈 《삼체》 덕분에 잘 알려져 있다. 삼체란 3개의 질량이 있는 물체가 만유인력의 작용에 의해 움직이는 운동 법칙을 말한다.

미노비치는 그중 하나의 특수한 상황에 관심을 가졌다. '지구에서 발사한 우주선이 태양계의 다른 행성을 지나가면 어떤 일이 일어날까?'라는 300년 동안이나 학술계를 골치 아프게 한 문제다. 뉴턴마저 이 문제를 풀지 못했다. 그런데 왜 풋내기 대학원생이 이 어려운 문제에 뛰어들었을까? 그에게는 뉴턴에게도 없는 신비한 무기가 있었다.

미노비치의 신비한 무기는 바로 캘리포니아대학교 로스앤젤레스 캠퍼스의 IBM-7094 컴퓨터였다. 이 컴퓨터로 말하자면 덩치가 얼마나 큰지 부품을 전부 나열하면 온 방을 가득 채울 정도였다. 크기만 컸을까? 그 속도는 어찌나 느린지 요즘 노트북 중 가장 느린 것보다 더 느렸다. 그런데도 가격은 엄청나게 비싸서 전원을 켜면 한 시간에 1,000달러를 지불해야 했다. 당시 미국 가정의 연평균 소득이 5,000달러 정도였던 것을 감안하면 얼마나 비싼지 감이 올 것이다. 5시간 동안 이 컴퓨터를 가지고 논다면 1년 동안 온 가족이 손가락만 빨아야 한다. 그럼에도 불구하고 캘리포니아대학교 로스앤젤레스 캠퍼스는 미노비치의 연구를 전폭적으로 지원하여 컴퓨터를 마음껏 사용하도록 허락해주었다.

미노비치의 연구 결과는 이러했다. 우주선이 어떤 행성에 가까

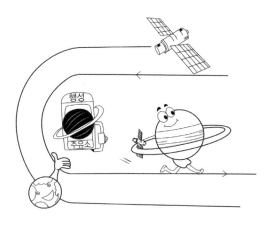

워지면 그 인력에 의해 행성 쪽으로 끌려간다. 이때 행성 자체 역시 매우 빠른 속도로 태양을 공전해서 행성과 함께 돌던 우주선도 그 속도에 영향을 받아 덩달아 속도가 빨라진다. 이는 사람이 기차에서 달리기를 하는 것과 같다. 기차가 움직이지 않을 때 사람의 속도는 그리 빠르지 않지만, 기차가 일단 움직이면 기차가 달리는 속도에 사람이 달리는 속도가 더해져 지면에서의 속도보다 훨씬 더 증가한다. 이렇듯 우주선이 행성에 잡히지만 않으면 행성을 떠날 때 속도는 원래 속도보다 크게 증가한다. 다시 말해 행성이 우주선을 가속화하는 우주 주유소인 셈이다.

이처럼 행성이 움직이는 방향과 우주선이 움직이는 방향이 같

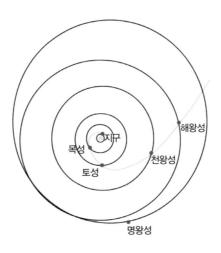

스윙바이를 설명하는 그림

을 때 연료를 사용해서 움직이는 방향을 바꾸면 빠른 속도로 행성 밖으로 튕겨져 나가게 되는데, 이것을 '스윙바이Swingby'라고 한다. 이 항법은 인류의 우주 역사에서 이정표가 되는 커다란 발견이다. 이전까지 인류가 발사한 우주선은 화성까지도 미치지 못했었다. 하지만 스윙바이의 발견 이후 인류는 태양계 전체를 탐사할 수 있게 되었다.

1964년, 또 한 명의 중요한 인물이 등장한다. 게리 플란드로Gary Flandro는 당시 캘리포니아공과대학의 대학원생이었다. 그해 여름 플란드로는 NASA(미국항공우주국) 소속의 한 실험실에서 실습 중이었다. 실험실 사람들에게 그는 안중에도 없었고 그에게 맡겨진 일은 지구에서 다른 행성으로 비행할 때 가능한 항로를 계산하는 등 어렵지 않은 잔심부름에 불과했다. 플란드로는 매우 실망했지만 자신에게 맡겨진 일을 성실히 완수했다. 전혀 특이할 것 없는 수백 개의 항로를 계산하던 어느 날 그는 하나의 의미심장한 항로를 발견한다.

알다시피 태양계에는 많은 행성이 있다. 이 행성들에는 같은 운동 규칙이 있는데, 마치 운동회의 육상경기처럼 같은 평면에서 태양을 돈다는 것이다. 경기에서 선수들은 반드시 운동장 바닥에서 달려야 더 높은 연단이나 관중석에서 달려서는 안 된다.

플란드로의 계산에 따라 1976~1977년에 목성 방향으로 우주선을 발사하면, 앞서 설명한 스윙바이의 도움으로 한 번에 목성, 토성, 천왕성, 해왕성, 즉 4개의 행성을 돌 수 있다는 것이다! 게다가 일반적인 항로에서는 해왕성에 도달하기까지 40년이 걸리지만 이 항로를 이용하면 한 번에 12년이나 단축할 수 있다. 이것은 100년에 한 번 나올까 말까 한 기회였다. 1977년 이 우주선을 발사하지 못한다면 다음 기회까지 176년을 기다려야 했다.

하지만 동시에 매우 터무니없는 생각이기도 했다. 당시 인류의 우주선은 아직 화성까지도 가보지 못했기 때문이다. 이러한 상황에서 한 번에 목성, 토성, 천왕성, 해왕성을 돌아보는 계획이라니, 마치 아시아도 넘지 못하는 중국 축구가 월드컵 우승을 기대하는 것만큼이나 엉뚱한 발상이었다.

그렇지만 NASA는 원래 괴짜들이 모인 곳이다. 철저한 논증을 거친 NASA는 '행성 간 대여행'을 전폭 지원하여 1977년 태양계를 탐사할 보이저호 탐사기를 발사하기로 결정했다. 이는 12년 안에 그때까지 제기됐던 기술 문제를 모두 해결해야 함을 의미했다. 기술적 문제 말고도 그들에게는 큰 걸림돌이 있었으니, 바로 자금 문제였다. 이렇게 거대한 계획을 완수하려면 정부로부터 막대한 지

원을 받아야만 했다. 그러려면 미국 의회와 국민에게 이 우주 탐사의 의미와 가치를 증명해야 했다. 이때 등장한 사람이 미국의 유명한 천문학자이자 과학자인 칼 세이건Carl Sagan이다.

1939년 5살이었던 칼 세이건은 부모와 함께 뉴욕에서 개최한 세계박람회를 관람했다. 그곳에서 열린 아주 특별한 행사가 어린 세이건의 마음을 사로잡았다. 바로 웨스팅하우스의 타임캡슐을 묻는 행사였다. 웨스팅하우스의 타임캡슐은 미국 웨스팅하우스일렉트릭에서 만든 어뢰형 금속 용기로 그 안에는 시대의 특징을 말해주는 여러 물건과 아인슈타인이 후세에 남긴 편지가 들어 있었다. 엄

'지구의 소리' 골든 레코드

숙한 분위기 속에 박람회 개최지인 뉴욕 플러싱 메도스 코로나 파크 지하에 묻힌 이 타임캡슐은 5,000년 후, 즉 6939년에 개봉될 예정이다. 겨우 5살이었던 칼 세이건은 시대적 특징을 담은 물건을 미래에 전해준다는 개념에 깊은 인상을 받았다.

성인이 된 칼 세이건은 천문학자가 되어 NASA의 '행성 간 대여행' 프로젝트에 참여하게 되었다. 타임캡슐의 영향인지 그는 특별한 아이디어를 제안한다. 우주선에 지구의 특징을 대표하는 물품을 넣자는 아이디어였다. 칼 세이건과 동료는 '지구의 소리The Sounds of Earth'라는 골든 레코드를 제작하여 보이저호에 담았다. 거기에는 지구의 다채로운 생명과 문명의 소리 그리고 사진이 포함되었다. 그밖에 55개 언어로 된 인사와 90분에 달하는 세계 각국의 음악, 미국 대통령과 UN 사무총장의 메시지가 들어갔다. 칼 세이건은 언젠가 외계 문명이 보이저호를 발견하게 되면 그들이 골든 레코드를 통해 지구를 이해할 수 있길 바랐다. 외계 문명과 교류한다는 세이건의 발상은 우주 탐사를 향한 대중의 관심을 더욱 뜨겁게 달궜다.

1977년 '행성 간 대여행' 프로젝트의 우주 탐험선 보이저 1호와 보이저 2호가 발사되었다. 이 탐사선 형제는 함께 목성과 토성을 탐험한 다음 나뉘어 서로 다른 길을 갔다. 보이저 1호는 토성의 여섯 번째 위성 '타이탄'을 근거리에서 관찰한 후 태양계를 떠나 은하계 중심을 향해 날아갔다. 보이저 2호는 원래 계획대로 태양계에 남아 계속 천왕성과 해왕성을 탐사했다.

이 탐사선은 다량의 진귀한 사진과 데이터를 지구에 전송했다. 덕분에 인류는 역사상 유례가 없는 정확도로 태양계의 외곽 행성과 수없이 많은 위성을 연구할 수 있게 되었다. 현재 보이저 1호와 보이저 2호는 인류 역사상 가장 먼 곳까지 날아간 우주선이다. 이들은 이제 단순한 과학기기가 아닌 인류의 지혜를 상징하는 기념비적 존재가 되었다.

1990년 2월 14일 보이저 1호는 인류가 맡긴 마지막 임무를 완수했다. 태양계 밖, 지구로부터 60.5억km 떨어진 곳에서 몸을 돌려 태양계 전체의 사진을 찍었다. 44쪽의 사진이 그중 가장 널리 알려진 '창백한 푸른 점Pale Blue Dot'이라는 사진이다. 이 사진에서 동그라미로 표시된 작은 점에 주목해보자. 확대 전 실제 크기는 10분의 1화소밖에 되지 않는 저 작고 약간 푸른색을 띠는 점 말이다. 이것이 바로 태양계 끝에서 본 지구의 모습이다. 인류가 찍은 가장 유명한 우주 사진 중 하나로, 지금까지 가장 멀리 날아간 우주선이 바라본 지구의 모습을 담았다.

이 사진에 관해 칼 세이건은 《창백한 푸른 점Pale Blue Dot》이라

창백한 푸른 점

는 책에서 이렇게 설명했다. "저 점을 다시 한번 보세요. 우리가 저 곳에 있습니다. 저곳은 바로 우리의 집이며 우리의 전부입니다. 그 위에는 당신이 사랑하고, 알고 있고, 들어본 적 있는 사람들이 있 습니다. 인류 역사상 모든 사람이 저 점 위에서 일생을 살았습니 다. 모든 기쁨과 고통, 모든 종교와 이데올로기, 경제사상, 모든 사냥꾼과 강도, 영웅과 겁쟁이, 모든 문명의 창조자와 파괴자, 모든 황제와 농부, 사랑에 빠진 모든 연인, 모든 부모와 아이들, 발명가와 탐험가, 모든 정신적 지도자와 정치가, 모든 스타와 최고 지도자, 모든 성도와 죄인까지, 모든 것은 인류가 존재한 첫날부터 바로 이 태양계에 떠도는 먼지 위에 있습니다."

지구는 어떤 모양일까? 푸른색과 흰색이 뒤섞인 동그란 구슬인 동시에 끝없는 우주를 떠도는 아주 작은 먼지이기도 하다.

# 알면 알수록 더 재미있는 과학 이야기 ❶

❶ '아폴로 프로젝트'는 NASA가 1970년대 시행한 유인 달 탐사 사업이다. 1969년 7월 우주선 아폴로 11호는 처음으로 달에 착륙했고, 미국의 우주 비행사 닐 암스트롱Neil Armstrong은 역사상 최초로 달에 착륙한 사람이 되었다. 우주선 아폴로 17호는 이 프로젝트의 마지막 달 착륙 우주선이다.

❷ '아폴로 프로젝트' 중 가장 유명한 우주선은 아폴로 13호다. 아폴로 13호는 달을 향해 가던 중 산소탱크가 폭발하고 말았다. 하지만 NASA 과학자들의 도움으로 3명의 우주 비행사는 심각하게 파손된 우주선을 타고 구사일생으로 지구로 돌아왔다.

❸ 중국의 후한 시대 천문 과학자로 알려진 장형杖刑은 엄밀히 말해 발명가라 불러야 한다. 그는 세계 최초로 지진계를 발명했다.

❹ 20세기를 대표하는 지성인 버트런드 러셀은 다방면에 뛰어난 팔방미인이었다. 공헌도로 보자면 첫째는 철학, 둘째는 수학, 셋째는 문학이다. 상대적으로 공헌도가 가장 낮은 분야인 문학에서 노벨 문학상을 탔을 정도로 뛰어났다.

❺ 플라톤은 소크라테스Socrates의 제자이자 아리스토텔레스의 스승이다. 후세인들은 이 세 사람을 서양 철학의 창시자로서 '그리스 3현인'이라고 부른다.

❻ 플라톤은 40세가 되었을 때 아테네 근교의 아카데미Academy라는 지역에 세계 최초의 대학을 세웠다. 현재 고급 학술 기관을 '아카데미'라고 부르는 것은 여기에서 유래했다.

❼ 알렉산드로스 대왕의 아버지 필립 2세는 재능이 뛰어나고 포부가 원대한 국왕이었다. 아버지가 또 새로운 땅을 정복했다는 소식을 들은 알렉산드로스는 "정녕 아버지는 내가 정복할 땅은 남겨놓지 않으실 작정인가?"라며 울부짖었다고 한다.

❽ 아리스토텔레스는 월식 말고도 지구가 평평하지 않고 둥글다는 사실을 증명할 수 있는 현상을 발견했다. 바다에 떠 있는 배가 해안에서 충분히 멀어지자 수평선 아래로 사라지는 모습을 보고 그는 분명 지구가 둥글다고 생각했다.

❾ 뉴턴의 어린 시절은 매우 불우했다. 그가 태어나기 3개월 전 아버지는 돌아가셨고, 어머니는 세 살 때 나이가 두 배나 많은 부자와 재혼하면서 어린 뉴턴은 외할머니 손에 맡겨졌다. 키가 작고 왜소했던 뉴턴은 학교에서 늘 괴롭힘을 당했는데 한번은 머리가 깨져 피를 흘리기도 했다. 여러 불행으로 뉴턴은 고독했다. 그렇지만 고독은 뉴턴에

게 무한한 상상의 세계를 선물해주었다.

⑩ 뉴턴은 사실《자연철학의 수학적 원리》를 출판할 계획이 없었다. 이 책은 천문학자 에드먼드 핼리Edmund Halley가 거듭 설득한 덕에 세상의 빛을 볼 수 있었다. 영국 왕립학회가《어류지魚類志》라는 책으로 막대한 손실을 본 직후여서 출판 비용을 지원하려 하지 않자 핼리가 나서서 비용을 부담했다.

⑪ 뉴턴은 자신을 물리학자라고 생각한 적이 없으며 항상 스스로 '자연철학가'라고 말했다. 당시는 수학, 물리학, 화학과 같은 자연과학이 철학의 범주에서 완전히 분리되지 않았기 때문이다. 지금까지도 서양에서는 이공계 박사를 습관적으로 '철학박사'라고 부른다.

⑫ 엄격히 말해 바이아블랑카는 베이징의 대척점이 아니라 대척점에서 가장 가까운 도시다. 베이징의 진짜 대척점은 바이아블랑카 근처의 팜파스 초원이다.

⑬ 학창 시절 에라토스테네스의 별명은 '만년 2등'이었다. 어디서나 그보다 한발 앞서 있던 사람은 그의 친구 아르키메데스였다.

⑭ 미노비치가 행성의 인력 작용 연구에 사용한 IBM-7094 한 대를 비롯한 '아폴로 프로젝트'에 사용된 컴퓨터 전체를 합쳐도 그 계산 능력이 오늘날의 평범한 노트북 한 대에 미치지 못한다.

⑮ 아인슈타인은 5,000년 후의 지구인에게 보내는 편지에 이렇게 썼다. "우리 시대에는 창조적인 발명이 많이 이루어졌습니다. 그것들은 생활을 편리하게 해주었습니다. 우리는 전기에너지를 이용하여 힘든 육체노동에서 벗어났습니다. 우리는 바다를 건넜고 비행을 할 수 있게 되었으며 심지어 전파를 이용해 세계 어디에든 손쉽게 소식을 전할 수 있게 되었습니다. 하지만 상품의 생산과 분배가 아직 조직적이지 않아 사람들은 생계를 위해 근심하고 분주하게 움직여야 합니다. 서로 다른 국가에 사는 사람들은 일정 시간이 흐르면 서로 살육합니다. 이 때문에 미래를 생각하는 모든 사람이 걱정하고 두려워합니다. 진정 사회를 위해 공헌한 사람에 비해 일반 대중의 지적 수준과 도덕성은 매우 낮기 때문입니다. 미래의 후손들은 당연히 우월감을 느끼면서 위의 글을 읽어야 한다고 믿습니다."

⑯ 1939년 뉴욕 세계박람회부터 '타임캡슐'을 묻는 것이 세계박람회 개최지의 관례가 되었다.

⑰ 칼 세이건의 가장 유명한 작품은 책이 아니라 〈우주Cosmos〉라는 과학 다큐멘터리다.

⑱ '지구의 소리' 골든 레코드에는 클래식의 아버지 바흐의 작품 3곡이 담겼다. 이 음반에 3곡이나 수록된 음악가는 바흐가 유일하다. 또한 이 음반에는 칠현금으로 연주한 〈유수流水〉라는 중국 음악도 들

어갔다.

⑲ 보이저 1호는 왜 원래의 항로를 포기하고 토성의 여섯 번째 위성인 '타이탄'을 탐사했을까? 그 이유는 타이탄이 태양계에서 유일하게 짙은 대기층이 있는 위성이기 때문이었다. 〈천체물리학 저널ApJ〉이라는 학술지에 실린 한 논문에서는 타이탄을 '외계 생명이 살 가능성이 가장 높은 곳'이라고 밝히기도 했다.

⑳ NASA 과학자 대부분은 보이저 1호가 '창백한 푸른 점'을 찍는 것에 반대했다. 이 사진이 별 가치가 없다고 생각했던 것이다. 칼 세이건이 고집을 부리지 않았다면 우리는 아마 이 사진을 볼 수 없었을 것이다.

# 2

# 우주는
# 어떤 모양일까?

제 2 강

제1강을 통해 지구에 대한 공간적인 개념이 어느 정도 생겼을 것이다. 지구는 망망한 우주에 떠 있는 지극히 평범하고 작은 먼지에 불과하다. 지구에 대한 이러한 인식은 사실 매우 대단한 깨달음이기도 하다. 오랜 역사 속에서 인류는 지구가 매우 특별한, 더없이 존엄한 존재라고 믿어왔기 때문이다.

아리스토텔레스 살았던 시대부터 인류는 지구가 우주의 중심이라고 생각했다. 이 믿음은 아주 단순한 관찰에서 시작되었다. 해와 달과 별이 모두 지구를 한 바퀴 돌고 다시 반복해서 도는 현상에 기초하여 서기 140년 고대 이집트 천문학자 프톨레마이오스는 최초로 신뢰할 만한 우주 모델을 만들었다. 바로 천동설이다.

아래 그림은 천동설의 우주 모델이다. 지구가 우주 한가운데를 지키며 정지해 있다. 안쪽부터 순서대로 달, 수성, 금성, 태양, 화성, 목성 그리고 토성이 자리한다. 달과 태양은 지구를 돌며 원운동을 하고, 다른 5개의 행성은 '주전원'이라는 작은 원을 돌고 있으며 주전원의 중심 역시 이심원이라는 커다란 원 궤도를 따라 지구를 돈다. 그 운동 형태는 마치 놀이동산의 회전 컵 놀이기구와 같다. 다시 말해 5개 행성의 운동 궤도는 주전원과 이심원, 2개의 원운동으로 이루어진다는 것이다. 가장 바깥쪽의 커다란 수정 같은

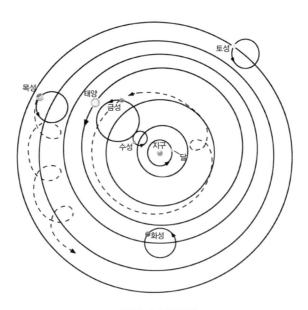

천동설의 우주 모델

구슬 껍데기를 항성천恒星天이라고 한다. 다른 별들은 모두 이 항성천 내벽에 붙어 있다.

프톨레마이오스의 천동설은 비교적 완벽한 과학 이론이었다. 천동설로 당시 각종 천문학 현상을 잘 설명할 수 있었기 때문에 사람들은 이를 그대로 믿었고 그 이론이 학술계를 1,400년 동안이나 지배했다. 서기 1543년이 되어서야 천동설의 지배적인 위치가 흔들렸다. 그해 폴란드의 천문학자 코페르니쿠스Nicolaus Copernicus가 그의 저서 《천구의 회전에 관하여De Revolutionibus Orbium Coelestium》에서 새로운 우주학 모델을 제시한 것이다. 바로 우리에게 익숙한 지동설이다.

지동설에서는 태양이 우주의 중심으로 자리를 바꾼다. 안쪽에서부터 수성, 금성, 지구, 화성, 목성, 토성이 태양을 돌며 원운동을 한다. 그 바깥은 천동설과 같이 항성천이다. 천동설과 비교해서 지동설이 묘사하는 우주는 훨씬 간결하다. 주전원이나 이심원 등 많은 동그라미를 그릴 필요가 없다.

코페르니쿠스는 40세가 되던 해에 《천구의 회전에 관하여》를 집필했지만 30년이 지나서야 출판될 수 있었다. 당시는 지구에 최고 지위를 부여한 천동설이 이미 가톨릭 신학 체계의 한 부분을 차지하고 있어 감히 가톨릭 교회와 유럽의 통치자에게 도전할 수 없었

갈릴레오 갈릴레이(1564~1642)
망원경을 개량하여 관찰하고, 코페르니쿠스의 지
동설을 옹호하는 등 천문학 발전에 크게 공헌했다.

다. 코페르니쿠스는 보복을 피하기 위해 머리를 써서 살날이 얼마
남지 않은 시점에서야 《천구의 회전에 관하여》를 출판한 것이다.
이러니 로마 교황청이 그를 잡으려 해도 죽은 사람을 잡을 수는 없
는 노릇이었다.

우주에 관한 이론, 천동설과 지동설 중 과연 어느 것이 맞을
까? 사람들은 이 문제를 두고 수십 년에 걸쳐 논쟁을 벌였지만 결

론을 내지 못했다. 17세기 초에 들어서야 한 걸출한 과학자가 이 난국을 해결할 길을 열었다.

1608년, 네덜란드의 한 안경점 주인은 렌즈 2개를 서로 일정한 간격을 두고 겹쳐서 보면 먼 곳의 물체를 볼 수 있다는 사실을 발견하여 인류 최초의 망원경을 발명했다. 이 소식은 이탈리아까지 전해졌고 갈릴레오 갈릴레이Galileo Galilei는 이 망원경에 깊은 관심을 보였다. 1609년 갈릴레이는 최초의 망원경보다 더 발전된 망원경을 만들었는데, 먼 곳의 물체를 30배나 확대할 수 있었다.

그는 이 망원경을 고층 건물 꼭대기에 설치해두고 베니스의 고관과 귀인들을 초대해 보여주었다. 이 신기한 물건을 본 손님들은 모두 흥분했고 갈릴레이의 사업은 더욱 번창했다. 얼마 지나지 않아 피렌체 공국의 공작이 그에게 피렌체의 수석 궁정 과학자가 되어달라고 요청했다. 갈릴레이가 그 청을 받아들이자 많은 베니스 사람들이 불만을 품었다. 크레모니니Cesare Cremonini 철학자는 갈릴레이에게 돈을 빌린 적이 있는데 그가 베니스를 떠난다는 소식을 듣고 갈릴레이를 반역자라고 비난하며 억지를 부려 돈을 갚지 않았다고 한다.

갈릴레이가 그저 망원경을 개량하는 데 그쳤다면 과학계에 그렇게 큰 영향을 미치지는 못했을 것이다. 갈릴레이는 또 하나의 사건을 일으켰는데, 현대 천문학을 상징할 뿐만 아니라 모든 현대 과학의 탄생까지도 상징하는 커다란 사건이 되었다. 그가 망원경 렌즈의 방향을 우주로 돌린 사건이다.

〈알리바바와 40인의 도적〉 이야기를 보면 알리바바는 한 무리의 도적떼를 쫓아 동굴 앞에 다다른다. '열려라 참깨!' 하고 주문을 외자 문이 열리고 그 안에서 엄청나게 많은 보물을 발견한다. 알리바바가 처음 보물을 발견했을 때의 심정이 갈릴레이가 처음 망원경으로 우주를 보았을 때의 심정과 비슷하지 않았을까? 망원경이 인류에게 신세계로 가는 문을 열어준 셈이다. 갈릴레이는 태양의

흑점, 달의 운석 구덩이, 목성의 위성 4개와 토성의 고리까지, 그 동안 누구도 본 적 없는 새로운 광경을 목격했다. 그러다 그는 한 가지 매우 중요한 현상을 발견하면서 코페르니쿠스의 지동설을 강하게 지지하게 되었다. 바로 금성의 위상변화다.

금성의 위상변화란 무엇일까? 60쪽의 그림을 보면 명확히 알 수 있다. 달은 차고 기운다. 왜 그럴까? 달 자체는 빛을 내지 않고 태양의 빛을 반사하기 때문이다. 달은 항상 지구를 돌므로 지구와 태양 사이에 놓일 수도 있고 지구 뒤편에 놓일 수도 있다. 음력 초하루가 되면 달은 지구와 태양 사이에 놓인다. 이때 달은 뒤에서 비추는 태양 빛을 가로막아서 우리 눈에는 보이지 않는다. 이 현상을 '달이 기운다'라고 하며 '삭'이라고 부른다. 음력 15일이 되면 달은 지구 뒤편에 놓인다. 이때는 온전히 태양빛을 반사하기 때문에 완전히 둥근 달을 볼 수 있다. 이것을 '달이 찬다'라고 하며 '보름달'이라고 부른다. 이와 유사하게 금성이 지구와 태양 중간에 놓이면 태양빛을 막게 되고 삭과 같은 상태가 된다. 반대로 태양 뒤에 놓이면 태양빛을 완전히 반사하여 보름달과 같은 상태가 된다.

천동설과 지동설의 가장 큰 차이점은 무엇일까? 천동설에서 금성은 항상 지구와 태양 사이에 놓인다. 하지만 지동설에서 금성은 태양의 뒤편에도 놓일 수 있다. 그러므로 금성이 '차는' 상태를 볼

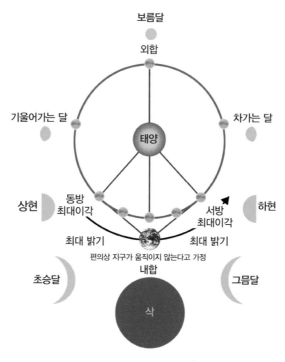

보름달

외합

기울어가는 달

차가는 달

태양

상현

동방
최대이각

서방
최대이각

하현

최대 밝기

최대 밝기

편의상 지구가 움직이지 않는다고 가정

초승달

내합

삭

그믐달

금성의 위상변화를 설명하는 그림

수 있는지의 여부가 어떤 이론이 맞는지를 판단하는 핵심이 되는 것이다. 갈릴레이는 망원경을 이용해 금성이 '차는' 상태를 목격했고 코페르니쿠스의 지동설이 옳다고 감히 단정 지었다.

천동설에서 지동설로 바뀌는 과정은 현대 과학의 본질이 실험과 관찰의 과학이라는 사실을 말해준다. 실험과 관찰을 통해서만 과학 이론의 진위 여부를 판단할 수 있다.

물론 오늘날 모든 과학자들은 천동설이 틀렸다는 것을 알고 있다. 우주의 영역은 고대인들의 가장 터무니없는 상상보다도 넓다. 그렇다면 그들은 천동설이 틀렸다는 것을 어떻게 알았을까? 그 답은 천문 관측에 있다. "천문 관측이라니, 도대체 얼마나 대단한 관측 능력이 있길래 우주 전체를 알 수 있을까?" 간단하다. 그것은 바로 우리에게 익숙한 '거리 측정'이다.

　거리 측정은 가장 기본적인 물리학 실험이다. 일상생활에서는 그냥 자로 재면 그만이다. 노우드가 런던에서 요크까지의 거리를 자로 조금씩 재 결국 지구 둘레를 계산한 것처럼 말이다. 하지만 천문학에서는 자를 이용할 수 없다. 천체는 우리가 살아가는 지구와 너무 멀리 떨어져 있기 때문이다. 그렇다면 어떻게 해야 할까? 천문학자들은 많은 방법을 생각해냈지만 여기서는 가장 중요한 2가지 방법만 소개할까 한다.

　첫 번째 방법은 삼각시차Trigonometric Parallax다. 이 삼각시차를 이해하기 위해 한 가지 간단한 실험을 해볼 수 있다. 손가락 하나를 내밀어보자. 코앞에 대고 왼쪽 눈, 오른쪽 눈을 번갈아 감으면서 한쪽 눈으로만 관찰한다. 손가락의 배경이 변하는 것으로 보아 손가락의 위치에 편차가 생긴다는 것을 알 수 있다. 손가락은 분명 움직이지 않았는데 왜 그 위치가 변했을까? 그것은 손가락을 관찰

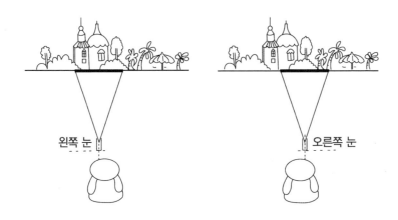

왼쪽 눈　　　　　　　　　　　　　오른쪽 눈

하는 관찰자의 위치가 변했기 때문이다. 관찰자 자체의 위치 변화로 관찰 대상의 위치에 편차가 생기는 것이다. 이러한 현상이 바로 삼각시차다. 이제 손가락을 좀 더 먼 곳에 두고 다시 실험해보자. 손가락의 위치 변화가 줄어들었음을 알 수 있다. 이는 관찰자와의 거리가 멀수록 시차가 줄어든다는 것을 의미한다.

　시차의 개념이 생겼다면 기하학적인 방법으로 전체의 거리를 측정해볼 수 있다. 오른쪽의 그림이 바로 삼각시차법으로 거리를 측정한 개략도다. 지구가 1년에 태양을 한 바퀴 돈다는 사실은 누구나 알고 있다. 지구는 춘분일 때 그림의 A점으로 운동한다. 그리고 반년 후, 그러니까 추분이 되면 A점에서 가장 먼 B점에 도달한다. A점과 B점을 왼쪽 눈과 오른쪽 눈이라고 가정하고 각각 두 지

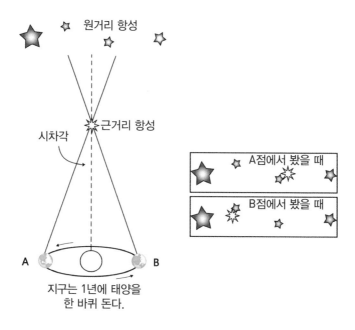

삼각시차법으로 거리를 측정한 개략도

점에서 우리로부터 멀리 떨어진 별을 관찰해보자. 머나먼 하늘에서 이 별의 위치가 변하는 모습을 발견할 수 있다. B점에서 보면 A점과 비교해 별의 위치가 왼쪽으로 이동한다. 이처럼 1년을 주기로 일어나는 시차를 연주시차Stellar Parallax라 하고, 이 왼쪽으로 이동한 편차값을 각도로 전환할 수 있다. 이를 별의 '연주시차 각'이라고 한다.

과학자들은 지구에서 태양까지의 평균거리가 1억 5,000만km이고 이것이 지구 둘레의 3,750배에 달한다는 사실을 이미 측정했다. 이 지구와 태양과의 거리를 1천문단위, 즉 AU에이유라고 부른다. 하지만 이 삼각시차 측정법은 너무 먼 곳의 별을 측정할 수 없다는 한계가 있다. 대응하는 연주시차의 각도가 실제로 너무 작기 때문이다. 그래서 천문학자들은 아주 먼 곳의 천체를 측정할 때는 보통 두 번째 방법을 사용한다. 바로 표준촉광Standard Candle이다.

불을 밝힌 초를 가까이 두면 밝아 보이고, 먼 곳에 두면 어두워 보인다. 왜 그럴까? 아래의 그림이 그 원리를 설명해준다. 아인슈타인은 빛이 광양자라고 불리는 미립자로 이루어졌다고 했다. 촛불의 절대밝기(거리와 상관없이 빛 자체가 가지고 있는 밝기)가 일정하면 단위시간 동안 내보내는 총 광양자 수도 일정하다. 광양자는 둥근

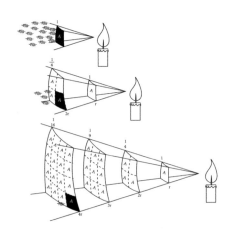

입자 모양으로 균일하게 퍼지며 확산 거리가 멀어질수록 그 확산 면적 역시 점점 넓어진다. 전체 구면의 광양자는 모두 촛불에서 나온 것이라 총 광양자 수는 변하지 않는다. 그러므로 전체 면적이 넓어지면 단위면적당 광양자 수는 줄어들어야 한다. 다시 말해, 멀어질수록 우리 눈이 받아들일 수 있는 단위면적당 광양자 수는 줄어들며, 이로 인해 빛의 가시광선 강도가 줄어든다. 따라서 우리는 촛불이 멀리 있을수록 어두워진다고 느끼는 것이다. 더 중요한 사실은 촛불의 겉보기 밝기(현재 위치에서 보이는 밝기)는 촛불과 우리 사이 거리의 제곱에 반비례한다는 것이다. 즉 거리가 4배 증가하면 촛불의 겉보기 밝기는 원래의 16분의 1로 줄어드는 셈이다.

여기에 착안해 예기치 못한 촛불의 용도를 발견한다. 거리를 측정하는 것이다. 거리를 아는 곳의 겉보기 밝기만 알면 촛불을 더 먼 곳에 둔 다음 새로운 겉보기 밝기를 계산하여 그곳까지의 거리를 측정할 수 있다.

자, 상상력을 발휘해보자. 하늘에서 다음 2가지 조건을 만족하는 특별한 천체 하나를 찾는다. 첫째, 아주 먼 곳에 있어도 보일 정도로 매우 밝을 것. 둘째, 광학 성질이 안정적이고 절대광도(밝기)가 변하지 않아야 한다. 두 번째 조건을 갖춘 천체를 찾기가 훨씬 어렵다. 하지만 두 조건을 모두 만족하는 천체를 찾을 수만 있다면 그 천체를 촛불이라고 간주하고 우주 사이의 거리를 측정하는 촛불로 사용할 수 있다. 이처럼 특별한 천체가 앞서 설명한 표준촉광이다.

아래 사진은 천문학사에서 대단히 유명하다. 사진 속 유일한 남성인 에드워드 찰스 피커링Edward Charles Pickering은 1877년부터 1919년까지 줄곧 하버드대학교 천문대장으로 재직했다. 그가 천문대장으로 부임하기 전 하버드대학교 천문대는 여성을 고용한 적이 없었다. 모두 남성 직원뿐이었다. 어느 날 피커링은 굼뜨고 서툰 남자 직원 때문에 몹시 화가 났다. 자신의 집 여자 하인보다도 못하다며 나무랐다. 한번 시작한 일은 끝을 보는 성격인 피커링은 이

피커링의 연구팀

직원을 해고하고 자신의 여자 하인을 천문대장 조수로 고용했다.

피커링의 안목은 틀리지 않았다. 그녀는 일을 매우 잘해냈고, 그때부터 피커링은 여직원만 고용했다. 그렇게 한 가장 큰 이유는 당시 여성의 급여가 남자 직원의 절반에도 미치지 않을 만큼 현저히 낮았기 때문이다. 남성 대신 여성을 고용하면 더 많은 사람을 고용할 수 있었던 것이다. 피커링은 곧 여성으로만 조직된 연구팀을 구성했다. 그들은 박사학위는 없었지만 학술 연구에 대한 갈망과 열정이 넘쳐났다.

왼쪽 사진은 피커링의 연구팀이 1913년에 찍은 단체사진이다. 평범해 보이는 이 여성들은 낮은 수준의 작은 조직에 불과했던 하버드대학교 천문대를 세계적인 천문학연구센터로 만들었다.

1882년 헨리에타 스완 리비트Henrietta Swan Leavitt는 크나큰 불행을 만난다. 막 대학을 졸업했는데 심각한 병으로 청력을 잃게 된 것이다. 당시 미국에서 고등교육을 받은 여성에게는 보통 3가지 길이 주어졌다. 선생님이나 간호사 또는 가정주부로 사는 길이다. 하지만 난청이라는 큰 시련을 겪게 된 그녀에게는 이 길들마저도 허락되지 않았다. 그렇게 1년이 지난 후 하버드대학교 천문대에서 계산수로 일할 수 있는 기회를 얻게 되었다. 소득은 일주일에 겨우 10달러였지만 리비트는 기쁜 마음으로 피커링의 연구팀에 가담했다. 동료의 기억에 따르면 리비트는 언제나 자신의 일에 최선을 다했고, 내성적인 성격으로 세상일에는 무관심했다고 한다.

더없이 평범한, 청력을 잃은 이 여성은 처음으로 코페르니쿠스의 지동설에 종을 울렸다. 우리가 볼 수 있는 하늘의 별 대부분은 그 광도가 변하지 않는다. 하지만 하늘에는 시간에 따라 광도가 변하는 기이한 별들도 많다. 이것이 이른바 '변광성'이다. 많은 변광성 중에서도 좀 특이한 것이 있는데, 세페이드 변광성이다. 이 변광성은 마치 심장이 뛰듯 리듬에 따라 그 광도가 주기적으로 변한다. 밝았다가 어두워지고 다시 밝아지기를 끊임없이 반복한다. 천문학에서 이 변화의 주기를 변광주기라고 한다. 일반적으로 세페이드 변광성의 광도는 태양의 최소 1,000배 이상이다. 그러므로 아

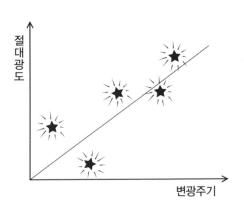

세페이드 변광성의 주기와 광도의 관계

무리 먼 곳에 있어도 볼 수 있다.

1908년 리비트는 마젤란은하에 있는 수천 개의 변광성을 자세히 연구한 끝에 세페이드 변광성이 매우 신기한 규칙을 만족한다는 사실을 발견했다. 거리가 같다는 조건에서 세페이드 변광성의 겉보기 밝기와 그 변광주기가 비례한다는 사실이었다. 다시 말해 세페이드 변광성은 주기가 길수록 미칠 수 있는 최대 광도가 커진다. 이 규칙을 세페이드 변광성의 주기-광도 관계라고 하며, 리비트 법칙이라고도 한다.

리비트 법칙으로 보아 변광주기가 같은 세페이드 변광성만 찾으면 절대광도가 같은 무수히 많은 천체를 알 수 있다. 이것이 최초로 발견된 표준촉광이다. 이 위대한 발견으로 아주 멀리 떨어진 천체의 거리를 측정하고, 망원경으로 직접 관찰할 수 있게 되었다. 이로부터 우주학은 진정한 의미의 현대 과학에 들어서게 된 것이다.

유감스럽게도 이 위대한 발견이 리비트 본인에게는 별다른 혜택을 가져다주지 못했다. 학술계에서 주는 상을 받지도 못했고 교수직을 맡지도 못했다. 심지어 박사학위를 받지도 못했다. 그녀는 여전히 학사 학력의 주급 10달러를 받는 계산수였다.

1921년 할로 섀플리Harlow Shapley가 하버드대학교 천문대장을 연임할 때 마침내 리비트는 항성 분류 파트를 책임지는 중책을 맡게 되었다. 하지만 1921년 말, 리비트는 암으로 세상을 떠나 매사추세츠주 케임브리지에 있는 그녀의 가족 묘지에 묻혔다. 그녀의 학술 성과는 묘비에조차 전혀 기록되지 않았다. 관찰 우주학 시대를 여는 데 핵심적 역할을 했지만, 그녀는 오늘날까지도 그에 걸맞은 대우를 받지 못하고 있다. 대중에게 알려지기는커녕 천문학 교과서에 각주로만 짧게 소개되는 정도에 그친다. 하지만 미래의 어느 날 리비트는 천문학사에서 마땅한 지위를 찾고, 그 이름 역시 환하게 빛나게 될 것이라 믿는다.

이제 우주학이 거리 측정에 바탕을 둔 관찰 과학이라는 사실을 알게 되었다. 또한 천문학의 거리에 관해서도 조금이나마 개념이 잡혔다. 지구 둘레는 4만km, 약 950번의 마라톤과 맞먹는 거리다. 지구와 태양과의 거리는 약 1억 5,000만km, 지구 둘레의 3,750배에 해당한다. 하지만 우주 전체에서 이는 새발의 피도 되지 않는 미미한 수준에 불과하다.

우주의 크기를 설명하기 위해 과학자들은 새로운 개념, 즉 '광년'을 만들어냈다. 광년은 빛이 1년 동안 나아가는 거리를 말한다. 1광년은 약 9조 4,600억km로 6만 3,000AU에 해당한다. 현재까지 인류가 만든 속도가 가장 빠른 비행체는 보이저 1호다. 그 속도는 초속 17km로 이는 음속의 50배에 해당한다. 즉 보이저 1호가 1광년의 거리를 날아가는 데는 1만 7,000여 년이 걸린다. 문자로 기록된 인류 문명사도 이 긴 시간에 비하면 아주 짧은 찰나에 불과하다.

이제 모든 준비가 끝났으니 우주여행을 떠나보자. 지금부터 상상의 우주선을 타고 지구에서 출발해 우주의 끝으로 가보자.

이번 여행의 첫 번째 정거장은 우리가 살아가는 태양계다. 아래의 그림은 태양계의 모습을 대략적으로 보여준다. 태양계의 주인공은 그 중심인 태양이다. 태양은 태양계에서 유일하게 스스로 빛을 내는 천체로 태양계 전체 질량의 99% 이상을 차지한다. 그 막대

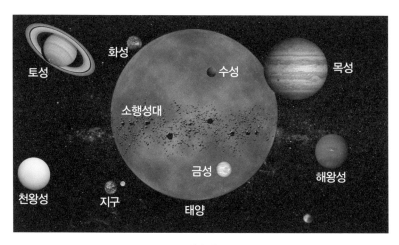

태양계

한 중력은 태양계 전체를 좌지우지하며 다른 천체들을 마치 순례 자처럼 태양 주변을 돌게 한다. 이 순례하는 천체 중 가장 주목할 만한 것이 8대 행성이다. 안쪽에서부터 수성, 금성, 지구, 화성, 목성, 토성, 천왕성, 해왕성이다.

제1강에서도 설명했듯이 8대 행성은 모두 같은 평면(과학에서는 '황도면'이라고 부른다)에 있으며 같은 방향으로 태양을 돈다. 그중에는 질량과 크기가 비교적 작은 4개의 행성이 있다. 이 행성들은 주로 고체로 이루어져 있으며 '지구형 행성'이라고 부른다. 바깥쪽에는 질량과 크기가 비교적 큰 4개의 행성이 있다. 이 행성들은 기체로 이루어져 있으며 '목성형 행성'이라고 부른다.

추상적인 설명에서 한걸음 더 나아가 8대 행성을 같은 비율로 축소한 오른쪽의 그림을 보면 좀 더 쉽게 이해할 수 있을 것이다. 가장 큰 행성은 목성, 그 반경은 지구의 11배에 달한다. 목성이 하나의 그릇이라면 그 안에 1,300개의 지구를 담을 수 있다는 뜻이다! 태양 앞에서는 목성도 크다고 볼 수 없다. 태양에 비하면 지구는 아주 작은 점과 같다. 그렇다면 태양은 얼마나 클까? 그 반경은 무려 지구의 109배, 그러니까 태양 안에 130만 개의 지구를 담을 수 있다는 뜻이다!

"태양계에는 많은 천체가 있는데, 왜 행성은 8개밖에 없나요?"

어떤 독자들은 이렇게 질문할지도 모르겠다. 행성이 되기 위해서는 반드시 3가지 조건을 만족해야 한다. 첫째, 태양의 주위를 돌아야 한다. 둘째, 자신의 형태를 구형으로 유지할 만큼의 충분한 질량을 가지고 있어야 한다. 셋째, 중력이 충분해 궤도 주변의 모든 소형 천체를 배제할 만큼 지배적인 천체여야 한다. 이는 만족하기가 결코 쉽지 않은 조건이라 태양계 내 절대다수의 천체들은 모두 탈락하고 말았다. 행성에 관한 정의는 2006년 체코 프라하에서 열린 국제천문연맹 총회에서 개정한 것이다.

행성의 정의가 바뀌면서 원래 행성으로 분류되었던 불운한 2개의 천체가 매몰차게 행성의 반열에서 퇴출되기도 했다.

8대 행성을 같은 비율로 축소한 모습

첫 번째 불운의 주인공은 세레스다. 이 별의 발견에는 재미있는 일화가 있다. 천문학자들은 일찍부터 태양계의 행성 중 화성과 목성 사이가 특히 멀다는 점에 주목했다. 일부 사람들은 화성과 목성 사이에 또 하나의 행성이 있지 않을까 추측했다. 하지만 오랜 시간이 지나도 발견할 수 없었다. 그러다 1801년 1월 1일 주세페 피아치Giuseppe Piazzi라는 이탈리아 신부가 우연히 작은 천체 하나를 보게 되었는데, 운동 속도가 화성보다는 느리고 목성보다는 빨라 그 위치가 화성과 목성 사이일 것이라고 추측했다. 하지만 발견의 기쁨은 오래가지 않았다. 이 천체의 궤도를 확정하기 전 피아치는 갑작스럽게 병으로 몸져눕게 되었고, 건강을 회복하고 다시 망원경 앞에 섰을 때 이 천체는 사라지고 없었다.

이 좋은 기회를 눈앞에서 놓치고 말 찰나에 기적처럼 수학의 황

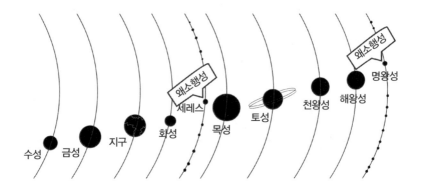

세레스

제 가우스가 등장한다. 가우스는 행성의 궤도를 계산하는 새로운 방법을 제시했다. 불완전했던 피아치의 관측 데이터를 이용하여 이 천체의 궤도를 계산했고, 가우스가 계산해낸 궤도를 이용해 다시 찾아보니 실제로 화성과 목성 사이에 그것이 있었다. 잃을 뻔했다가 다시 찾은 이 천체가 바로 세레스다.

처음에는 사람들 모두 세레스를 행성으로 인정했다. 하지만 얼마 지나지 않아 여러 천문학자가 세레스와 근접한 궤도에서 여러 개의 더 작은 천체를 발견했다. 그 때문에 천문학자인 윌리엄 허셜 William Herschel은 다른 천체와 함께 한 궤도를 도는 세레스는 행성

명왕성

의 자격이 없으며 소행성으로 분류해야 한다고 주장했다. 화성과 목성 사이에 있고 여러 소행성이 활동하는 고리형 구역을 소행성 대라고 부른다. 현재는 이 구역에서 이미 10만 개가 넘는 소행성을 발견했다.

두 번째 불운의 주인공은 세레스보다 더 유명한 명왕성이다. 지금 초등학생의 부모님 세대는 대개 명왕성에 관한 이야기를 알고 있을 것이다. 오랫동안 초등학교 교과서는 태양계에는 9개 행성이 있다고 설명해왔다. 그중 아홉 번째 행성이 바로 1930년 미국의 천문학자 클라이드 톰보Clyde Tombaugh가 해왕성의 궤도 바깥쪽에서 발견한 명왕성이다. 2015년, 탐사선 뉴허라이즌스 호가 명왕성에 근접하여 귀여운 하트 모양의 영역을 발견하면서 그 존재감을 뽐내기도 했다. 하지만 이렇게 앙증맞은 명왕성이 왜 행성의 대열에서 퇴출되었을까? 안타깝게도 조직에 민폐를 끼치는 동료를 만났기 때문이다.

2005년 미국의 천문학자 마이크 브라운Mike Brown은 명왕성 주변에서 또 하나의 새로운 천체를 발견했다. 그 부피는 명왕성보다 약간 작았지만 질량은 30% 정도 더 컸다. 마이크 브라운은 그 천체에 에리스라는 이름을 지어주고 태양계의 열 번째 행성이라고 발표했다. 하지만 브라운의 발견에는 한 가지 문제점이 있었다. 에리스를 행성으로 인정하면 또 다른 2개의 천체, 세레스와 명왕성의 위성 카론도 행성으로 승격해야 한다는 점이다.

2006년 국제천문연맹 총회에서 천체 명명위원회는 태양계의 행성을 12개로 확대하자는 의견을 내놓았다. 그러자 천문학자들이 12대 행성은 터무니없다며 즉각 반발했다. 어쩔 수 없이 위원회는 새로운 방안을 제기했다. 행성의 정의를 수정하여 '궤도 주변의 기타 소형 천체를 배제해야 한다'라는 조건을 포함한 것이다. 이 기준에 따르면 명왕성은 행성의 대열에서 퇴출된다. 새로운 행성의 정의가 통과되면서 에리스는 행성의 지위를 얻지 못했을 뿐만 아니라 명왕성까지 행성의 대열에서 끌어내렸다. 현재 세레스, 명왕성, 에리스는 왜소행성으로 새롭게 분류한다.

현재 해왕성 궤도 바깥쪽에 카이퍼 대Kuiper Belt라는 새로운 소행성대가 존재한다는 의견이 학술계의 보편적인 입장이다. 카이퍼 대는 태양과 40~200AU 떨어진 고리형 영역이다. 그 안에는 다량의 얼음이 있어 태양계의 성향결합부(城響結合部, 중국의 도시 외곽 농촌지역으로 도시에 거주하는 농업 호구민의 거주지를 말한다-옮긴이)라고 할 수 있다. 명왕성과 에리스 모두 이곳에 있다. 하지만 카이퍼 대역시 태양계의 끝이 아니다. 그 바깥에는 전설의 오르트 성운Oort Cloud이 있기 때문이다.

아마 태양계의 또 다른 천체인 혜성에 관해 들어본 적이 있을 것이다. '더티 스노볼Dirty Snowball'이라 불리는 혜성은 좁고 긴 타원형 궤도를 따라 태양을 돈다. 태양이 내뿜는 열풍은 혜성의 얼음을 휘발시켜 혜성에 긴 꼬리를 만든다. 어느 정도 시간이 지나면 혜성은 태양에 의해 완전히 부서질 수 있다. 그렇다면 여기서 퀴즈! 태양계는 이미 50억 년 가까이 존재해왔다. 그런데 왜 그 많은 혜성은 아직 부서지지 않았을까?

1950년, 네덜란드 천문학자 얀 오르트Jan Hendrik Oort는 태양계의 가장 바깥쪽에 거대한 고리형 기체 구름이 있다고 주장하며, 이를

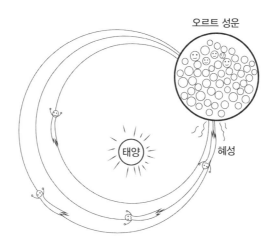

오르트 성운이라고 불렀다. 그리고 태양 중력의 영향을 받으므로 이것 또한 태양계의 일부라고 주장했다. 오르트 성운은 거대한 얼음 집합소로, 그 안에는 수백만 개의 혜성 핵이 있다. 우리가 눈으로 혜성을 계속 관찰할 수 있는 것도 이 얼음 집합소가 빽빽이 채워져 있기 때문이다. 이 오르트 성운은 우리와 무려 1광년이나 떨어져 있다.

태양계의 가족을 정리해보자. 안쪽에서부터 바깥쪽 순으로 살펴보면 태양계는 태양, 4개의 지구형 행성, 소행성대, 4개의 목성형 행성, 카이퍼 대와 오르트 성운으로 이루어져 있고, 그 반경은 1광년이나 된다. 하지만 이제 곧 이 거대한 태양계도 우주의 아주 작은 부분에 불과하다는 사실을 알게 될 것이다.

이제 우주여행의 두 번째 정거장에 도착했다. 바로 태양계에서 가장 가까운 항성계다. 반경이 무려 20광년인 이 영역에는 수백 개의 항성이 분포되어 있다. 이곳에 있는 항성 중에 가장 유명한 것이 바로 켄타우루스자리 알파α 삼중별이다. 중국의 유명 SF 소설가인 류츠신이 설명한 삼체 세계로 알려져 있다.

켄타우루스자리 알파별은 우리와 가장 가까운(약 4.2광년) 항성계다. 켄타우루스자리 알파 A별, 켄타우루스자리 알파 B별, 프록시마 켄타우리, 이렇게 총 3개의 항성으로 이루어져 있다. 류츠신의 소설처럼 곳곳에 위기가 도사리는 예측할 수 없는 삼체 세계와는 다르다. 실제 켄타우루스자리 알파 세계는 위험하고 스릴 넘치는 세계와는 거리가 멀다. 켄타우루스자리 알파 삼중별의 운동은 쌍성계Binary Star System와 더 유사하기 때문이다.

켄타우루스자리 알파 A별과 B별은 태양과 매우 유사한 항성으로 서로의 거리는 20AU도 되지 않는다. 반면 질량이 태양의 12%에 불과한 프록시마 켄타우리는 이 두 별과 1만 3,000AU나 떨어져 있다. 자그마치 0.21광년이다. 그러므로 실제로는 AB 쌍성이 먼저 서로 도는 이중계를 이루고, 이 2개가 다시 프록시마 켄타우리와 더 큰 하나의 이중계를 이루는 것이다. 삼체계와 달리 이중계의 운동 규칙은 정확히 예측할 수 있다. 그렇기에 정말 삼체인三体人(류츠신의 소설 속 외계인)이 있다면 그들은 종말의 공포로 하루 종일 불안에 떨지는 않을 것이다.

2016년 8월 깜짝 놀랄 만한 뉴스가 세상에 전해졌다. 천문학자가 프록시마 켄타우리 근처에서 프록시마 켄타우리 B라고 불리는 행성을 발견한 것이다. 이 별은 생명체가 존재할 수 있는 가장 기본적인 조건을 갖추었다고 알려져 더욱 화제가 되었다.

일반적으로 하나의 행성에 생명체가 존재하려면 다음의 몇 가

켄타우루스자리 알파 삼중별

지 조건을 만족해야 한다. 첫째, 반드시 고체 행성이어야 한다. 기체 행성은 불안정하기 때문에 생명이 발을 디딜 만한 조건이 되지 못한다. 둘째, 반드시 해비터블 존Habitable Zone, 즉 생명체가 거주할 수 있는 영역에 위치해야 한다. 즉 항성과의 거리가 적절한 영역으로, 너무 가깝지도 너무 멀지도 않아야 한다. 온도가 지나치게 높거나 낮으면 액체 상태의 물이 존재할 수 없다. 셋째, 대기와 자기장이 존재해야 한다. 그래야 낮과 밤의 온도차를 안정적으로 유지할 수 있고 항성이 내뿜는 위험한 방사선을 방어할 수 있다.

프록시마 켄타우리 B의 질량은 지구의 약 1.3배로 지구와 유사하고 지표면이 딱딱한 암석, 즉 고체로 이루어져 있다. 기체 행성이라면 적어도 지구 질량의 8~10배에 달해야 한다. 프록시마 켄타우리 B와 프록시마 켄타우리 사이의 거리는 지구와 태양 간 거리의 20분의 1에 해당하는 759만km다. 이처럼 항성인 태양과의 거리가 적절한 해비터블 존에 위치해 있다. 하지만 프록시마 켄타우리가 매우 어두워서 방출하는 가시광 에너지는 태양의 600분의 1밖에 되지 않는다. 프록시마 켄타우리 B에 대기와 자기장이 있는지 는 아직 밝혀지지 않았지만 많은 사람, 특히 삼체의 팬들은 이미 흥분하고 있다.

그렇지만 생명체에게 프록시마 켄타우리 B는 여전히 두려운 공간이다. 프록시마 켄타우리는 정상적인 상황에서는 많은 에너지를 방출할 수 없지만 가끔씩 폭발할 수 있기 때문이다. 폭발 상태에서는 태양보다 더 많은 에너지를 방출할 수 있다. 또한 이러한 폭발 에너지는 가까운 거리의 프록시마 켄타우리 B에 도달할 수 있다. 이 헤아릴 수 없이 많은 이 수소 폭탄은 프록시마 켄타우리 B를 산산조각 낼 수 있을 정도의 위력이다. 만약 프록시마 켄타우리 B에 정말 삼체인이 있다면 어떨까? 아마도 인류는 매우 치명적인 재앙을 맞이하게 될 것이다. 지구인에게 가장 무시무시한 핵무기가 삼체인에게는 전혀 효과가 없기 때문이다.

자, 이제 이번 여행의 세 번째 정거장인 은하계에 도착했다. 84쪽의 사진에서 밤하늘에 걸쳐진 막대형 구조가 바로 은하계다. 만약 태양계에서 가장 가까운 항성계가 태양이 거주하는 마을이라면 은하계는 태양이 거주하는 왕국이다. 불과 100년 전까지만 해도 사람들은 은하계가 우주의 전부라고 생각했다. 하지만 이제 우리의 우주는 크나큰 변화를 겪었다. 이 변화는 한 토론에서 시작되었다.

1920년 4월 26일 미국 스미스소니언 국립자연사박물관에서 '은하계가 과연 우주의 전부인가?'라는 주제로 역사적인 대논쟁이 펼쳐졌다. 토론의 참가자는 저명한 천문학자인 할로 섀플리와 히버 커티스Heber Curtis였다.

밤하늘의 은하계

할로 섀플리를 기억할 것이다. 그의 일생에서 가장 위대한 업적은 세페이드 변광성을 이용하여 은하계의 수많은 항성의 거리를 측정한 것이다. 이로써 태양이 은하계의 중심에 있지 않다는 것을 증명했다. 이 업적으로 그는 하버드대학교 천문대장에 올랐고 청각장애인 여성 과학자 리비트를 항성 분류 책임자로 발탁했다. 그와 관련해 또 하나의 일화가 있다.

1925년 어느 날 스웨덴 아카데미의 회원이 하버드 천문대에 리비트를 노벨 물리학상 후보로 추천한다는 내용의 편지를 보냈다. 편지를 받은 섀플리는 리비트 여사는 이미 4년 전에 세상을 떠났다고 알렸다. 그와 동시에 리비트가 발견한 세페이드 변광성과 같은 일종의 표준촉광보다는 세페이드 변광성을 이용해 은하계 거리를 측정한 본인의 업적이 더 큰 의미가 있다고 말하며 자신을 노벨 물리학상에 추천해줄 뜻을 내비쳤다.

세상의 주목을 받은 대논쟁에서 섀플리는 은하계가 우주의 전부라고 선언했고, 커티스는 은하계는 우주의 아주 작은 일부일 뿐이라고 주장했다. 토론의 초점은 멀고 먼 성운인 안드로메다 성운과 바람개비 성운에 맞춰졌다. 그들은 도대체 은하계 안의 기체일까, 아니면 은하계와 같은 항성계일까? 섀플리는 한마디로 전자라고 단언했고 커티스는 후자라고 주장했다.

그런데 어처구니없게도 양측 모두 은하계의 크기를 잘못 계산했다. 섀플리는 은하계의 직경이 30만 광년이라고 계산했고 커티스는 3만 광년이라고 계산했다. 섀플리는 너무 크게, 커티스는 너무 작게 계산한 것이다. 두 사람이 아무리 논문을 인용하고 자신의 주장을 지지하는 증거를 제시해도 결국 누구도 상대방을 설득할 수 없었다.

이 논쟁으로 진리를 더욱 명백히 밝혀내지는 못했지만 미래의 연구에는 올바른 방향을 제시할 수 있었다. 핵심은 더 정확한 거리

에드윈 허블(1889~1953)
세페이드 변광성을 이용하여 우주의 크기를
계산함으로써 할로 섀플리와 히버 커티스의
대논쟁에 종지부를 찍었다.

를 측정해야 한다는 점이다. 그리고 곧 해결사가 등장했다. 바로 미국의 천문학자 에드윈 허블Edwin Hubble이다.

허블은 부유한 가정에서 태어났다. 학창 시절 운동회에서 7관왕에 오를 정도로 촉망받는 운동선수였던 데다 얼굴까지 미남이라 꽤 인기가 많았다. 하지만 이렇게 많은 장점이 무색하게도 허블은 뻔뻔하기 그지없는 허풍쟁이였다. 그는 자신이 복싱 경기에서 세계 챔피언을 때려눕혔다고 말했다. 조금이라도 상식이 있는 사람이라면 말도 안 되는 거짓말임을 금방 알아챌 것이다. 또 그는 자신이 시카고대학교에서 박사 과정을 공부하기 전에 이미 법조계에서 잘나갔다고 허풍을 떨기도 했다. 실제로는 한 학교에서 학생들

을 가르치면서 농구 코치를 맡았었다. 심지어 1차 세계대전에서는 어려움에 처한 난민을 안전한 곳으로 옮겨주었다고 떠들어댔지만 실제로는 정전협정 체결 일주일 전에야 프랑스에 도착해 전쟁은 경험해보지도 못했던 것으로 드러났다.

1919년 허블은 윌슨산 천문대에서 새로운 일자리를 찾았다. 그 곳에서 그는 당시 세계에서 가장 큰 망원경을 이용하여 세계를 깜짝 놀라게 하는 발견을 하게 된다. 1924년 허블은 안드로메다 성운에서 세페이드 변광성을 발견했다. 그리고 그 세페이드 변광성의 변광주기와 광도의 관계를 밝힌 리비트의 법칙을 토대로 안드로메다 성운(지금은 안드로메다 은하라고 부른다)과의 거리가 최소 90만 광년에 달한다는 것을 계산해냈다. 이 발견으로 4년 전 섀플리와 커티스의 대논쟁은 마무리되었다.

인류는 마침내 은하계 역시 우주의 중심이 아니라는 사실을 깨달았다. 이 발견이 허블 인생 최대의 공헌은 아니다. 1929년 허블은 또 한 번 세상을 놀라게 했다. 멀리 떨어진 수십 개의 항성계를 관찰하고 그들이 모두 우리 은하계로부터 멀어지고 있으며 우리와 먼 항성계일수록 멀어지는 속도가 더 빠르다는 사실을 알아낸 것이다. 이는 우주 전체가 팽창하고 있음을 의미했다. 제3강에서 이 발견의 의미를 다시 한번 살펴보자.

90쪽의 사진은 은하계 전체의 모습이다. 은하계는 마치 돌아가는 거대한 원반과 같다. 직경은 10만 광년 이상이고 두께는 2,000광년 미만이다. 그 안에는 최소 1,000억 개의 항성이 있다. 은하계의 중심에는 직경이 1만 광년인 '은하핵'이라고 불리는 커다란 공이 부풀어 있는데, 이 은하핵의 한가운데에는 위험하고 방대한 물체가 숨겨져 있다. 그것은 질량이 태양의 400만 배에 달하는 초대질량 블랙홀Supermassive Black Hole이다.

은하핵 바깥의 원반형 구조는 은하원반이다. 은하원반에는 몇 개의 항성이 밀집해 있다. 이를 '나선팔'이라고 한다. 나선팔의 항성은 고정되어 있지 않다. 도심의 교통체증을 상상해보자. 도로의 모든 차는 꼼짝도 하지 않는 것처럼 보이지만 차들은 쉴 새 없이 들어오고 나간다. 이처럼 항성들도 나선팔에 들어갔다가 빠져나오면서 나선형을 이룬다. 여기서 나선팔은 정체구간이라 할 수 있다.

태양계는 현재 그중 하나의 나선팔, 즉 오리온자리 나선팔에 있으며 은하계 중심에서 약 2만 8,000광년 떨어져 있다. 은하원반 밖에는 또 하나의 더 큰 원 모양의 구역이 있는데, 이를 은하헤일로라고 한다. 그 안에는 오래된 항성이 듬성듬성 분포해 있다.

예를 들어 태양계를 하나의 도시라고 생각해보자. 이 도심은 해

은하계 전체 모습

왕성까지라고 볼 수 있으며, 도심의 직경은 60AU로 약 100억km다. 그럼 이제 지구, 태양계, 은하계의 크기를 비교해보자. 먼저 지구를 농구공 크기로 축소하면, 이때 축소된 태양계는 얼마나 클까? 톈진에서 베이징까지의 거리를 지름으로 하는 구(공)와 비슷하다. 그다음으로 태양계를 농구공 크기로 축소하면, 이때 축소된 은하계는 얼마나 클까? 지구 전체 크기에 해당하는 구와 같다. 왼쪽 사진을 보며 광활한 은하계를 느껴보자. 맨눈으로 볼 수 있는 모든 천체를 합해봤자 우주의 아주 작은 일부에 지나지 않는다.

이제 우리는 네 번째 정거장에 도착했다. 마침내 은하계를 떠나 은하 간 공간에 도착한 것이다. 허블이 발견한 안드로메다 성운은 사실 일종의 독립된 은하다. 천문학자들은 은하계 주변에서 약 50개의 다른 은하를 발견했다. 이러한 은하 중 은하계는 250만 광년 떨어진 안드로메다 은하 다음으로 크다. 더 의미 있는 것은 서로 다른 국가끼리 동맹하는 것처럼 이 50개의 은하도 서로 중력의 영향을 받으며 '은하군'이라는 커다란 연맹을 결성한다는 점이다. 이 은하군의 직경은 약 600만 광년이다. 은하계와 안드로메다 은하는 이 은하군의 양대 맹주로 작은 은하는 모두 이 둘을 중심으로 돈다.

시간이 지나면서 천문학자들은 더 어마어마한 망원경으로 더

안드로메다 은하

많은 은하를 발견했다. 하지만 '우주에는 도대체 얼마나 많은 은하가 있을까?'라는 물음에는 여전히 해답을 발견하지 못했다. 그 후로도 오랫동안 과학자들은 이에 대해 실마리조차 발견하지 못했다. 하지만 바로 약 20년 전 한 유명한 천문 관측으로 이 질문을 해결할 한줄기 희망을 보게 되었다.

1995년 12월 18일 천문학자들은 허블 우주 망원경을 큰곰자리의 일부인 빈 영역으로 향했다. 이 공간의(94쪽의 그림에 표시된 부분) 범위는 매우 작았다. 천구의 2,400만분의 1 크기로 100억 광년 이상 떨어진 곳에서 본 테니스공과 같았다. 과학자는 선명한 장면을 얻기 위해 이 부분만 연속해서 열흘 동안 관측하며 342번이나 촬영했고, 이를 겹쳐서 한 장의 사진으로 합성했다.

94쪽의 이미지가 바로 그 유명한 '허블 딥 필드Hubble Deep Field'다. 원래 아무것도 보이지 않는 공간인데 장기간의 관측을 통해 3,000개가 넘는 은하가 있다는 사실을 알아냈다. 과학자들은 이 수치에 2,400만을 곱해 전체 우주에는 800억 개가 넘는 은하가 있을 것으로 추정한다. 2003년과 2012년 천문학자들은 이 실험을 두 번 반복해 2장의 새로운 사진을 얻어냈다. 바로 '허블 울트라 딥 필드Hubble Ultra Deep Field'와 '허블 익스트림 딥 필드The Hubble Extreme Deep Field'다. 최근 관측에 따르면 우주에 포함되는 은하의 수는

2,000억 개가 넘는다고 한다!

우주 전체에는 최소 2,000억 개의 은하가 있으며 한 은하가 평균 1,000억 개의 항성을 가지고 있으므로 우주 전체의 항성은 최소 $200 \times 10^{20}$개라는 사실을 알 수 있다. $2 \times 10^{22}$개는 대체 어떤 개념일까? 지구에 사는 70억 인구가 모두 별을 세고 한 사람이 1초에 1개씩 센다면 우주 전체의 모든 항성을 세는 데 최소 9만 년이 걸린다. 쉽게 말해 호모 사피엔스가 아프리카를 떠난 시점부터 지금까지

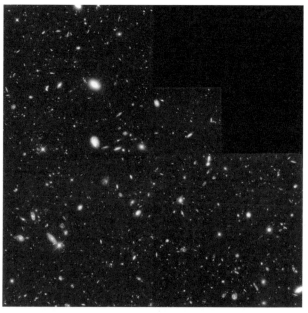

허블 딥 필드 기법으로 얻어낸 우주의 은하 모습

지 쉬지 않고 별을 세야 다 셀 수 있다는 말이다.

마침내 이번 여행의 종착역에 도착했다. 바로 우주의 끝이다. 뒤를 돌아 우주 전체를 바라보자. 아래 사진은 과학자가 컴퓨터로 시뮬레이션한 관측 가능한 우주 전체의 모습이다. 사진의 가로축을 보면 흰색 선으로 칸이 나뉘어 있는데 이 작은 한 칸이 10억 광년을 의미한다. 즉 작은 칸 하나가 은하계의 직경보다 1만 배 크다. 다시 한번 상상해보자. 만약 은하계가 농구공만 하다고 가정하면

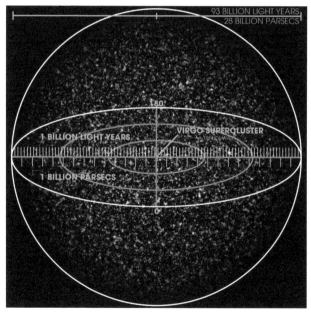

컴퓨터 시뮬레이션으로 그려낸 관측 가능한 우주 전체의 모습

관측 가능한 우주 전체의 크기는 얼마나 될까? 대략 베이징에서 톈진까지의 거리를 직경으로 하는 구에 해당한다.

여기서 질문 하나를 해볼까 한다. 우주 전체의 모습을 보고 어떤 기분이 드는가? 아마 대부분의 독자는 당혹스러움을 감추지 못할 것이다. 분명 어떠한 특징도 느낄 수 없기 때문이다. 하지만 아무 특징이 없는 것이 사실 우주의 가장 큰 특징이다. 우주학에서 가장 중요한 척도는 어떤 장소에서, 어느 방향으로 보든 우주의 모습은 똑같다는 점이다. 이것은 매우 중요한 관측으로 우주에는 어떠한 중심도 없다는 것을 설명한다.

맨 처음 인류는 지구가 우주의 중심이라고 생각했지만, 갈릴레이의 발견을 통해 틀렸다는 사실이 증명되었다. 그 후 인류는 태양이 우주의 중심이라고 생각했지만 섀플리에 의해 이 또한 틀렸다는 것이 증명되었다. 그 후 인류는 다시 은하핵이 우주의 중심이라고 생각했지만 허블은 이 사실이 틀렸다는 것을 증명했다. 그렇다면 우주의 중심은 어디일까? 우리는 이제 우주에는 어떠한 중심도 없다는 사실을 안다. 이 사실이 바로 현대 우주학의 초석이 된 '코페르니쿠스 원리Copernican Principle'다.

이번 우주여행을 통해 독자들은 우주가 어떤 모양인지 알게 되었을 것이다. 우주는 수백억 광년을 넘나드는 광활한 공간으로 어떠한 중심도 없으며, 그 안에는 최소 2,000억 개의 은하와 200×$10^{20}$개의 항성이 있고 이러한 물질은 매우 균형적으로 분포되어 있다. "그럼 우주는 어디에서 와서 어디로 가나요?"라고 묻는다면 남은 제3~4강에서 답을 찾을 수 있을 것이다.

# 알면 알수록 더
# 재미있는 과학 이야기 ❷

❶ 《천구의 회전에 관하여》는 두 번의 편집을 거쳤다. 첫 번째 편집자는 코페르니쿠스의 제자인 레티쿠스Rheticus다. 하지만 그는 절반 정도만 편집하다 그만두고 다른 일로 돌아섰다. 떠나기 전 레티쿠스는 이 책의 출판을 안드레아스 오시안더Andreas Osiander라는 친구에게 맡겼다. 오시안더는 이 책을 보고 천동설이 틀렸음을 깨달았다. 동시에 자신이 위험한 일에 가담하게 되었음을 감지했다. 이 일에 연루되고 싶지 않았던 오시안더는 간이 큰 사람도 할 수 없는 일을 저지르고 말았다. 그는 코페르니쿠스와 레티쿠스를 속이고 서문을 위조하여 '이 책은 과학적 사실이 아니라 극적인 환상이다'라고 고쳐 썼다.

❷ 코페르니쿠스 지동설의 첫 번째 팬은 독일의 천문학자 케플러Johannes Kepler다. 그가 바로 갈릴레이에게 지동설을 소개한 사람이다. 《천구의 회전에 관하여》의 서문이 오시안더에 의해 위조되었다는 사실을 처음으로 밝힌 사람 또한 케플러다.

❸ '갈릴레이가 피사의 사탑에 올라가 대중 앞에서 실험하여 아리스토텔레스가 틀렸다는 사실을 증명했다'라는 이야기를 들어보았을 것이다. 하지만 이 이야기는 후세 사람들이 꾸며낸 것이다.

❹ 《천구의 회전에 관하여》는 막 출판되었을 당시에는 금서가 아니었다. 수십 년 후 코페르니쿠스와 갈릴레이 등이 이를 대대적으로 사람들에게 전파하면서 로마 교황청의 노여움을 사 금지되었다.

❺ 삼각시차를 이용하면 태양계 안의 거리는 비교적 정확히 측정할 수 있었지만 은하계의 거리를 측정하기는 어려웠다.

❻ 피커링의 연구팀이었던 여성 계산수들은 과학의 발전을 위해 크나큰 희생을 했다. 그들 대부분은 결혼도 하지 않았다.

❼ 리비트는 현대적 의미의 대학 교육을 받아본 적이 없다. 그녀는 전공이 따로 없는 여성 전문학교를 다녔다. 대학을 다니는 동안 리비트는 가사家事에 관련된 수업만 들었을 뿐 천문학은 배워본 적도 없었다.

❽ 19세기 말에서 20세기 초까지 미국 사회는 성차별이 매우 심각했다. 피커링 연구팀은 모두 매일 반복적으로 무미건조한 천문 수치들을 처리했을 뿐 직접 망원경을 사용할 수 있는 자격은 없었다. 처음으로 세페이드 변광성이 표준촉광의 역할을 할 수 있다는 사실을 발견하고도 망원경을 사용할 수 없었던 리비트는, 별 수 없이 자신의 발견을 다른 사람이 이용해 연거푸 중대한 성과를 이루는 모습을 두 손 놓고 바라볼 수밖에 없었다.

❾ 지구가 생명의 오아시스가 될 수 있었던 가장 중요한 이유는 태양과의 거리가 적합했기 때문이다. 태양과 5%만 멀었어도, 아니면 15%

만 가까웠어도 생명이 존재할 수 없었을 것이다.

⑩ 현재로서 인류가 이주하기에 가장 적합한 별은 화성이다. 하지만 당장 화성으로 이주할 수 없는 가장 큰 문제는 화성이 너무 춥다는 것이다. 평균 기온이 영하 50℃나 된다.

⑪ 태양계의 가장 큰 행성인 목성은 '대적점大赤點'이라 불리는 기이한 광경으로 유명하다. 목성에는 지구 3개 크기만큼 크고, 수백 년이 지나도 멈추지 않는 거대한 폭풍이 분다.

⑫ 토성은 태양계 중 가장 큰 행성은 아니지만 가장 큰 고리를 갖고 있다.

⑬ 천왕성을 발견한 프레드릭 윌리엄 허셜Frederick William Herschel은 당시 영국 국왕인 조지 3세의 이름 따 이 별의 이름으로 '조지성George's Star'을 제안했다. 하지만 훗날 천왕성으로 이름이 바뀌게 되었다.

⑭ 해왕성은 망원경을 통해 발견된 것이 아니라 위르뱅 르 베리에Urbain Le Verrier라는 프랑스 천문학자가 종이에 계산하면서 발견했다.

⑮ 많은 나라의 천문학자들은 명왕성이라는 이름이 왜소행성으로 강등된 지위와 맞지 않으므로 '명신성'으로 바꿔야 한다고 주장한다.

⑯ 모든 혜성 중 가장 인기 있는 혜성은 '핼리혜성'이다.

⑰ '브레이크스루 스타샷Breakthrough Starshot'은 2018년에 타계한 영국의 물리학자 스티븐 호킹Stephen Hawking과 러시아의 억만장자 유리 밀너Yuri Milner가 주도한 나노 우주선 발사를 통한 프록시마 켄타우리 B 탐사 계획이다.

⑱ 은하계의 중심에 초대질량 블랙홀이 존재한다는 사실을 발견한 사람은 캘리포니아대학교 로스앤젤레스 캠퍼스 천문학과 안드레아 게즈Andrea Ghez 교수다. 그녀는 이 발견으로 미국 국립과학아카데미 회원으로 선출되었다.

⑲ 은하계 나선팔을 항성 정체구간으로 보는 이론을 '밀도파Destiny Wave'라고 한다. 이는 중국계 미국인 과학자 린자챠오林家翹와 프랭크 서徐遐生가 제기한 것이다. 두 사람은 미국 국립과학아카데미 회원으로 나중에는 미국 천문학회 회장에 당선되었다.

⑳ 대부분의 사람들은 우주에 포함된 은하의 수가 2,000억에서 3,000억 개라고 생각하지만 일부 사람들은 실제로는 이보다 훨씬 많을 것이라고 추측한다. 영국의 노팅엄대학교 천문학과 크리스토퍼 콘셀리체Christopher Conselice 교수는 논문에서 은하의 실제 수는 2조 개가 넘을 것이라고 밝히기도 했다.

# 3

# 우주의 기원은
# 무엇일까?

제 3 강

이제 우주가 끝없이 넓고, 최소 2,000억 개의 은하를 포함하며, 각각의 은하가 1,000억 개 이상의 항성을 가지고 있다는 것을 알게 되었다. 20세기 천문학자는 멀리 있는 천체의 거리를 측정함으로써 우리의 우주가 이렇게 넓다는 사실을 알아냈다.

더욱 흥미로운 것은 이처럼 거대한 우주가 뜻밖에도 커다란 폭발에서 비롯되었다는 점이다. 다시 말해 우리의 우주는 평소 고개를 들어 하늘을 볼 때처럼 아무런 변화 없이 고요하지 않다. 고요한 우주는 허상이며 실제로 우주는 끊임없이 팽창한다.

우주 팽창을 발견한 사람은 앞서 소개했던 허블이다. 허블은 은하계 밖에 은하계와 같은 은하가 또 존재함을 발견했을 뿐만 아니

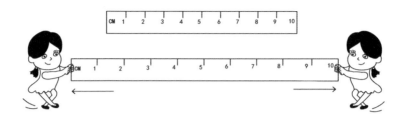

라 이러한 은하 간의 거리가 점점 더 멀어진다는 사실도 발견하였다. 예를 들어 우주는 늘어나는 고무와 같다. 고무 위에 은하를 그린 다음 그것을 늘이면 늘릴수록 이 은하 간의 거리가 점점 더 커진다는 말이다.

허블은 매우 성실한 천문학자였다. 매일 망원경으로 별의 모양을 관찰하고 자신이 관찰한 현상을 기록했다. 하지만 허블의 기록에서 우주가 변화한다는 사실을 맨 처음 발견한 사람은 신학을 공부하던 벨기에의 천문학자 조르주 르메트르Georges Lemaître였다. 르메트르는 처음으로 우주가 팽창한다는 사실을 발견했다. 이 발견을 바탕으로 우주가 오래전 빅뱅, 즉 대폭발에서 기원했을 것이라고 추측했다. 그는 이 빅뱅에 '원시원자Primeval Atom'라는 흥미로운 이름을 붙여주었다.

'우주가 팽창하는 것과 빅뱅이 무슨 상관이죠?'라고 물을 수 있

다. 앞에서 우주 팽창을 늘어나는 고무에 비유했지만 이 비유로는 충분하지 않다. 우주를 오븐 속의 커다란 빵이라고 생각해보자. 가열할수록 빵은 점점 더 커진다. 이 부푼 빵이 과거 어느 시점에는 작은 입자의 밀가루였다는 것은 분명한 사실이다.

물론 이것만으로 '작은 밀가루 입자가 오븐에 들어가자 빅뱅이 일어났다'고 단정하기에는 이르다. 우주가 빅뱅에서 기원했다는 주장을 증명하려면 다른 지원자가 필요하다. 예를 들면 아인슈타인의 일반상대성이론이다. 아인슈타인의 이야기는 제4강에서 다룰 테니 지금은 그의 심오한 이론은 생각하지 않아도 된다. 아주 간단한 현상만으로 우주가 어떻게 빅뱅에서 기원했는지 설명할 수 있다.

지구에서 우리는 늘 중력의 영향을 받는다. 우리는 체중이 있으며 손을 뻗어 컵을 들어올릴 때도 그 무게를 느낀다. 그 무게는 어디에서 왔을까? 사실 이미 300여 년 전 뉴턴은 지구와 물체 사이에 만유인력이 존재한다는 사실을 알았다. 뉴턴은 모든 물체 사이에는 만유인력이 존재하며 우리가 지구에서 날아다닐 수 없는 것도 지구의 중력 때문이고 지구가 태양을 도는 것 역시 태양과 지구 사이의 만유인력 때문이라는 사실을 발견했다. 그렇다면 은하와 은하 사이에도 만유인력이 존재할까? 물론이다. 그렇기에 두 은하가 우주 팽창으로 점점 더 멀어지더라도 서로를 벗어나는 속도는 인력에 의해 점점 줄어든다.

르메트르는 속도가 계속 줄어드는 것이라면 과거의 속도는 지금보다 빨랐을 것이라고 추정했다. 그는 아인슈타인의 일반상대성이론을 이용해 계산하여 결론을 얻었다. 우주는 맨 처음 작은 원자만 한 크기였다. 보이지 않을 만큼 작은 오븐 속 밀가루는 '펑' 소리와 함께 구워졌다. 그는 이 사실을 아인슈타인에게 알렸지만 아인슈타인은 르메트르의 말을 전혀 믿지 않았다.

르메트르는 지금으로 말하자면 멀티플레이어였다. 여러 분야에 관해 공부하기를 좋아했다. 사실 당시 이런 사람은 흔하게 찾아볼 수 있었지만, 르메트르의 행보는 남달랐다. 그는 아인슈타인보다 15살 어렸다. 17세가 되던 해 벨기에 루벤가톨릭대학교에 입학하여 토목공학을 공부했다. 스무 살 때 잠시 학업을 중단하고 포병장교로 1차 세계대전에 참전했고 전쟁이 끝난 후에는 종려 훈장까지 받았다. 전쟁 후 수학과 물리를 배우기로 결정하는 동시에 가톨릭 신부가 될 준비도 시작했다. 당시 벨기에의 유명한 수학자와 함께 수학을 공부했다. 26세 때 한 수학 논문으로 박사학위를 받았

조르주 르메트르(1894~1966)
우주의 팽창과 대폭발(빅뱅)을 발견한 벨기에
의 천문학자.

고 3년 후 신부가 되었으니 그에게는 수학보다 신학이 더 어려웠던 듯하다. 신부가 되던 해 그는 영국 케임브리지대학교에서 천문학을 공부했다. 누가 봐도 르메트르는 진정한 공부의 신이었다.

1927년 르메트르가 우주 팽창을 발견했을 때는 이미 33세였지만, 그 당시에는 결코 어린 나이가 아니었다. 아인슈타인이 몇 가지 중대한 발견을 했을 때도 26세였다. 하지만 오늘날 과학계에서 33세는 매우 어린 축에 든다. 이 나이대의 많은 인재는 대학에서 교편을 잡았다. 안타깝게도 르메트르는 우주 팽창이라는 대단한 발견을 벨기에의 잘 알려지지 않은 간행물을 통해 발표했다. 훗날 그 사실을 알지 못한 사람들이 천체관측을 통해 우주 팽창을 증명해낸 허블을 처음으로 우주 팽창을 발견한 사람이라 오해하고 그 공을 허블에게 돌렸다.

하지만 그해 르메트르를 만난 적이 있던 아인슈타인은 맨 처음 우주 팽창을 발견한 사람이 르메트르라는 사실을 알고 있었다. 하지만 아인슈타인은 우주가 팽창한다는 사실을 믿지 않았고, 다른 사람들처럼 고개를 들어 하늘을 바라볼 때 보이는 그대로 우주가 정지해 있다고 생각했다. 아인슈타인은 "자네의 수학적 계산은 정확하지만 자네의 물리는 형편없네"라고 혹평했다. 정말 악랄한 평가였다.

5년 후 두 사람이 다시 벨기에에서 만났을 때 르메트르는 우주가 팽창한다고 확신했을 뿐만 아니라 우주 대폭발 이론까지 확립한 상태였다. 아인슈타인의 코를 납작하게 만든 셈이다. 아인슈타인의 혹평에도 르메트르는 조금도 낙담하지 않았다. 1935년 르메트르는 아인슈타인이 미국으로 순회연설을 떠나는 기회를 틈타 아인슈타인을 수행하면서 우주 대폭발에 관해 쉬지 않고 설명했다. 끝내 아인슈타인은 그의 말을 믿게 되었고 박수까지 치며 이야기했다. "이것은 내가 들어본 것 중 가장 아름답고 만족스러운 우주 탄생 이론일세."

하지만 우주 대폭발이라는 이론은 직접적인 증거가 부족하여 천문학자들에게 사실로 받아들여지지 않았다. 르메트르가 '원시원자'라는 단어를 사용한 지 30년이 지나서야 우주 대폭발, 즉 빅뱅이 대중에게 받아들여졌다. 그 계기는 과연 무엇이었을까?

이야기의 주인공은 아노 펜지어스Arno Penzias와 로버트 윌슨Robert Wilson이라는 두 미국인이다. 펜지어스는 르메트르가 우주 대폭발 이론을 만들어낸 다음 해인 1933년에 태어났다. 1964년 펜지어스와 윌슨 두 사람에게 하늘에서 행운이 뚝 떨어졌다. 그들에게 어떤 행운이 찾아왔는지 알고 나면 '기회는 준비된 자에게 찾아온다'라는 말이 아닌, '기회는 눈먼 고양이 앞에 나타나는 죽은 쥐와 같다'라는 말을 믿게 될 것이다. 그들은 100년에 한 번 있을까 말까 한 큰 발견을 하고 14년 후 노벨 물리학상까지 받았다.

소설을 쓴다면 이렇게 시작해야 할 것이다.

'1964년 뉴저지주 5월의 어느 날 아침, 햇빛이 홀름델의 거대한 원형 초원을 비추고 푸른 하늘을 향해 45° 기울기로 설치된 거대한 사다리꼴 뿔 모형의 혼 안테나Horn Antenna 입구에는 비둘기 똥이 잔뜩 쌓여 있었다. 어느 날, 31세의 펜지어스는 여느 때와 같이 아침을 먹고 복사계 옆의 작은 오두막으로 가 어제 누적된 신호를 확인했다. 그는 프린터로 출력한 막대그래프 기록이 온통 잡음 신호로 가득한 것을 보고 깜짝 놀랐다. 잠시 후 펜지어스보다 3살 어린 월슨이 도착했다. 펜지어스가 월슨에게 기록을 보여주자 월슨 역시 놀라 아무 말도 하지 못했다.'

오른쪽 사진은 두 사람이 당시 사용했던 거대한 혼 안테나의 모습이다. 기구 아래에 서 있는 펜지어스와 월슨 두 사람과 비교해보면 이 기구가 얼마나 거대한지 알 수 있다.

그들은 실제로 잡음 신호를 발견했다. 이 잡음 신호란, 일종의 무선 전자파로 평소 TV를 볼 때 수신하는 파장을 말한다. 전자파는 물결처럼 '마루'와 '골'이 있다. 인접한 마루와 마루의 거리가 파장이다. 펜지어스와 월슨이 발견한 전자파 잡음의 파장은 약 1mm였다. 잡음이란 무엇인가? 우리가 평소 말할 때의 소리는 잡음이

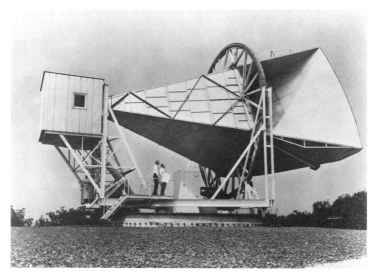

초단파 잡음을 검출하기 위해 훌름델에 설치한 거대한 혼 안테나

아니다. 길거리에서 소란스럽게 들리는 소리가 잡음이다. 마찬가지로 전자파는 소리는 아니지만 정체를 알 수 없는 신호가 있다. 그러므로 잡음이라고 부른다.

맨 처음 그들은 이것이 실제 신호라고 믿지 않았다. 그래서 사다리꼴 상자 모형의 혼 안테나 위에 쌓인 새똥을 치운 후 다시 시도해보았지만 이상한 신호는 여전히 나타났다. 하지만 그들은 근처에 전자파를 발사하는 뭔가가 있다고 생각했다. 그들은 벨연구소의 엔지니어였고 특히 군대에서 육군통신부대원으로 근무했던 펜지어스는 군대에서 통신을 하려면 신경 쓰이는 잡음을 제거해야 함을 잘 알고 있었다. 하지만 안테나를 어느 시간에, 어느 방향으로 돌려도 신호는 계속 나타났고 여전히 잡음의 형태를 띠었다. 그들은 어쩔 수 없이 상식을 벗어난 결론을 내렸다. '이 신호는 하늘의 모든 방향에서 나온다.'

이 발견은 곧바로 펜지어스와 윌슨이 살고 있는 홀름델에서 60km 떨어진 뉴저지주의 프린스턴대학교에 알려졌다. 재미있게도 펜지어스와 윌슨이 사용한 장비(혼 안테나와 디키 복사계)는 프린스턴대학교의 한 교수가 발명한 것이었다. 그 교수의 이름이 바로 로버트 디키Robert Henry Dicke다.

48세의 디키는 르메트르의 우주 대폭발 이론을 믿었다. 믿었을 뿐만 아니라 이 대폭발이 우주 전체에 전자파 잡음을 남겼다고 믿었고 이 잡음의 파장이 약 1mm라는 것도 계산해냈다. 당시 우주 대폭발 이론을 아는 사람은 별로 없었다. 그들은 우주 전체에 가득 찬 전자파 잡음을 '우주배경복사Cosmic Microwave Background Radiation'라고 불렀다.

펜지어스와 윌슨이 우주의 무선 신호를 발견했다는 소식이 디키 교수의 귀에 들어갔을 때, 그는 자기 연구팀과 바쁘게 실험 설계를 하고 있었다. 이 소식을 들은 디키는 팀원들에게 "우리가 한

발 늦었다"라고 말했다. 실험을 준비하던 사람은 발견하지 못하고 자신들이 무엇을 발견했는지조차 모르는 펜지어스와 윌슨에게 기회가 돌아갔던 셈이다.

홀름델과 프린스턴연구소 사람들은 함께 모여 회의함으로써 펜지어스와 윌슨이 발견한 것이 우주배경복사라는 결론을 내렸다. 그리고 디키 팀은 홀름델에서 발견한 것이 우주배경복사라는 논문을 쓰고, 펜지어스와 윌슨은 실험으로 발견한 것을 소개하는 논문을 쓰기로 결정했다. 두 편의 논문은 차례로 1965년 〈천체물리학저널〉에 실렸다. 디키 팀의 논문이 먼저 실렸지만 노벨 물리학상의 영광은 펜지어스와 윌슨에게 돌아갔다.

인구가 2만 명도 되지 않는 작은 도시인 홀름델은 지금까지도 우주배경복사의 발견 장소로 알려졌다는 것을 영광스럽게 여긴다. 《세상에서 가장 쉬운 양자역학 수업》에서도 이야기했듯이 벨연구소의 존 바딘John Bardeen, 월터 브래튼Walter Brattain, 윌리엄 쇼클리William Shockley가 트랜지스터를 발견한 곳도 바로 이 작은 도시다.

펜지어스는 과학과 기술 단체의 수장이 되었고 나중에는 사업에 뛰어들었다. 1998년 이후 세계 최대 벤처투자기업 중 하나인 NEANew Enterprise Associates의 파트너가 되기도 했다. 당시 그의 나이는 65세로 막 벨연구소를 퇴직했을 때였다. 그리고 보면 과학자

에게 돈을 버는 일은 언제 시작해도 늦지 않은 듯하다.

우주배경복사는 다른 우주학 이론으로는 설명되지 않았다. 따라서 1960년대부터 사람들은 차츰 우주가 정말 빅뱅으로부터 시작되었다고 믿게 되었다. 그리고 그 후 과학자들은 빅뱅에 관한 더 많은 증거를 찾았다. 이제 사람들은 르메트르의 '원시원자'가 '빅뱅(우주 대폭발)'을 일으켰다고 표현하게 되었다. 유명한 미국 드라마 〈빅뱅이론The Big Bang Theory〉만 보더라도 '빅뱅'이라는 단어가 얼마나 친숙해졌는지 알 수 있다.

'빅뱅'을 이야기하려면 영국의 천문학자 프레드 호일Fred Hoyle을 언급하지 않을 수 없다. 그가 빅뱅이라는 단어를 처음 사용했기 때문이다. 1948년 미국의 물리학자 조지 가모George Gamow와 그의 제자 랠프 앨퍼Ralph Alpher는 함께 빅뱅을 일으킨 우주배경복사를 계산했다. 빅뱅을 믿지 않았던 호일은 가모의 논문을 보고 불같이 화를 냈다. 이런 상황을 우려했던 호일이 하루는 두 친구와 술잔을 기울이며 우주의 기원을 두고 이야기를 나누었다.

앞서 르메트르와 허블이 우주가 팽창하고 있음을 발견했다는 이야기를 기억할 것이다. 우주 팽창을 설명하면서 우주 대폭발을 인정하지 않는 것은 간단한 일이 아니다. 그 이유는 만유인력의 영향으로 우주 팽창은 점점 느려지기 때문이다. 다시 말해 우주가 과거에 더 빠르게 팽창했음을 의미한다. 그렇다면 당시의 우주는 더 작았을 것이고 이를 근거로 르메트르는 먼 옛날 우주가 아주 아주 작은 불덩이였다는 결론을 내렸다. 호일과 두 친구, 토머스 골드Thomas Gold와 헤르만 본디Hermann Bondi는 거나하게 술을 마시고나자 떠오른 생각이 있었다. 빅뱅을 인정하지 않으려면 우주가 아무 것도 없는 상태에서 물질을 끊임없이 생성해야 한다는 것이었다. 이렇게 되면 우주의 팽창 속도는 변하지 않는다.

호일은 일리 있는 생각이라고 판단하고 영국의 한 방송국을 통해 그가 내세우는 '정상상태 우주론'에 관해 설명했다. 우주가 팽창하고 있기는 하지만 과거, 현재, 미래의 입장에서는 같은 모습이라는 것이다. 그는 르메트르와 가모, 앨퍼의 '원시원자' 개념을 무시하며 "우주가 대폭발(빅뱅)이라도 일으켰다는 얘기인가"라고 조롱하듯 말했다. 이때 그는 의도치 않게 빅뱅이라는 단어를 만들게 된 것이다. 물론 훗날 우주 대폭발이 맞고 정상상태 우주론이 틀렸음을 증명하는 증거들이 점점 더 많이 발견되었다. 그렇지만 호일은 대단한 천문학자였고 케임브리지대학교의 천문연구소를 세우기도 했다.

오늘날 과학자들은 우주가 137억 년 전 한 차례의 대폭발에서 기원했으며 맨 처음 3분 동안 가장 간단한 원소인 수소와 헬륨이 합성했다고 믿는다. 이것은 왜 항성의 4분의 3이 수소이고 4분의 1이 헬륨인지를 설명해준다. 수소와 헬륨 외 항성에는 미량의 다른 원소가 있는데, 최초로 이러한 기타 원소의 기원을 설명한 사람이 바로 호일이다.

호일은 또 다른 발자취도 남겼다. 그는 케임브리지대학교에 천문연구소를 세웠지만 1972년 50세가 넘은 나이에 케임브리지대학교 총장과의 불화로 대학을 떠나 독립 과학자로 활동하게 된다. 과학계에서 이러한 일은 드물다. 오늘날 또한 어디에도 소속되지 않은 문학가는 많이 있지만 어느 기관에도 소속되지 않은 과학자는 찾아보기 어렵다. 호일은 문학가로서도 명성을 날려 과학책 말고도 SF 소설과 영화 시나리오까지 총 10편이 넘는 작품을 썼다.

그가 쓴 가장 유명한 SF 소설《검은 구름The Black Cloud》은 태양계에 나타난 성운의 이야기를 그렸다. 훗날 사람들은 이 성운이 지혜가 있으며 인류는 결코 그것을 해칠 수 없다는 것을 발견한다. 고등 지능을 가지며 인류와 대화를 시도하는 성운의 모습을 보면 곧 영화 〈스타트렉Star Trek〉이나 SF 작가 류츠신의《시운詩云》이 떠오를 것이다.

우주는 신비로움으로 가득 차 있다. 무수히 많은 항성과 은하가 아니더라도 신기한 천체는 무궁무진하다. 이제 그 신비로운 천체에 관해 이야기해보려고 한다.

독자들은 블랙홀에 관해 익히 들어보았을 것이다. 블랙홀이 바로 그 신기한 천체 중 하나다. 아인슈타인의 일반상대성이론이 블랙홀의 존재를 예언했다지만 정작 아인슈타인 본인은 1955년 세상을 떠날 때까지도 이러한 생각을 극도로 혐오해 누구도 그를 설득할 방법이 없었다.

하나의 항성 또는 다른 천체가 블랙홀로 변했다고 가정하면 그것의 만유인력은 굉장히 커진다. 따라서 그 내부의 모든 것은 어느 한 곳으로 이동하며 심지어 그곳에서는 시간도 사라진다. 상상하기 힘들 만큼 신기한 일이다. 시간이 사라진다는 것은 어떤 의미일까? 과학자들조차 정확히 알 수 없다. 그저 복잡한 수학으로 설명

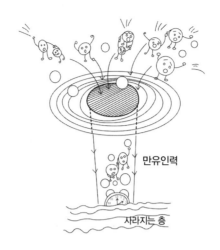

만유인력

사라지는 층

할 뿐이다. 시간의 상실을 비유로 설명한다면, 어떤 시계도 움직이지 않는 것이다. 어떤 시계가 움직이지 않는 것이 아니라 아예 시간이 사라지므로 시계는 존재하지 않는다. 이러한 이유로 아인슈타인은 블랙홀이라는 천체의 존재를 상상할 수 없었다.

블랙홀에는 또 하나의 특징이 있다. 바로 엄청난 중력이 존재한다는 것인데, 얼마나 강력한지 블랙홀의 가장 바깥쪽 빛조차 빠져나올 수 없다. 이 때문에 블랙홀은 신비한 천체로 불린다. 블랙홀이라는 이름은 1969년에 미국의 물리학자 존 휠러John Wheeler가 고안했다. 그때부터 사람들은 블랙홀의 존재를 믿기 시작했다. 그리고 만약 질량이 태양의 8배가 넘는 항성이 끝까지 연소되면 블랙홀로 변할 것이라고 추측했다.

블랙홀은 빛을 내지는 않지만 주변의 물질을 흡수할 수 있다. 주변의 물질은 블랙홀로 들어가기 전 날아가듯 블랙홀로 들어가거나 필사적으로 블랙홀 주위를 돈다. 이때 빛을 낸다. 사실은 대부분 블랙홀의 바깥쪽 한 층에 발광 물질이 생기는데, 이를 강착원반 Accretion Disc이라고 한다. 강착원반은 블랙홀의 중력으로 흡수되어 그곳에 쌓이게 된다. 한 천체의 바깥쪽에 원반이 있다면 이 원반은 토성 바깥쪽의 고리나 인류가 발사한 수많은 위성처럼 천체를 돌게 된다. 만약 돌지 않는다면 천체의 중력에 의해 안으로 빨려 들어갈 것이다. 아래 그림이 바로 블랙홀 강착원반의 설명도다.

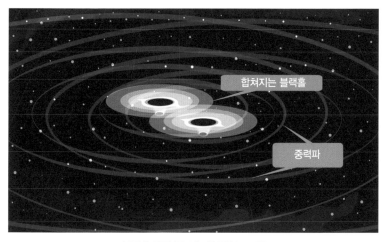

블랙홀 강착원반을 설명하는 그림

사실 이 그림 속 2개의 블랙홀은 각각 빛을 내는 원반을 가지고 있다. 왜 2개의 블랙홀을 보여줄까? 2015년 휠러의 제자 킵 손Kip Thorne은 초대형 실험을 통해 2개의 블랙홀이 충돌하면서 발생한 중력파를 발견했다. 전설적인 스승 밑에 또 전설적인 제자가 탄생한 셈이다.

충돌로 중력파를 발생할 수 있는 블랙홀(대략 태양 질량의 약 10배), 은하계의 초대형 블랙홀(태양 질량의 약 400만 배), 어떤 은하 속의 슈퍼급 블랙홀(최대 태양 질량의 수억 배) 등 이미 천문학자들은 많은 블랙홀을 발견했다.

아래의 예술 사진은 잘 알려진 SF 영화 〈인터스텔라Interstellar〉

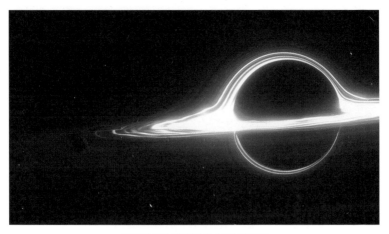

블랙홀 가르강튀아를 본뜬 그래픽

중 '가르강튀아Gargantua'라는 블랙홀을 본뜬 그래픽이다. 가르강튀아 블랙홀의 질량은 태양의 1억 배에 달한다. 이 그래픽은 〈인터스텔라〉를 만든 크리스토퍼 놀란 감독과 시나리오 작가 겸 과학 고문이었던 킵 손이 상상해낸 이미지에 컴퓨터 특수효과를 입혀 탄생한 것으로 매우 사실적으로 표현되었다.

킵 손은 유명한 우주학자인 스티븐 호킹 박사와 내기를 했다.

스티븐 호킹(1942~2018)

영국의 물리학자로 우주론과 상대성 이론 연구에 관한 업적으로 유명하다. 대표적인 저서 《시간의 역사》는 전 세계적으로 1,000만 부 이상 판매되기도 했다.

손은 언젠가는 우주에서 블랙홀을 발견할 것이라고 했고 호킹은 찾을 수 없을 것이라고 했다. 결과는 호킹의 패배였다. 하지만 반평생을 블랙홀 연구에 매진했던 호킹 박사는 내기에 져도 아쉬울 것이 없었다. 왜냐하면 누군가 꼭 그것을 찾아내기를 바랐기 때문이다. 따라서 그가 내기에서 지더라도 결국 블랙홀을 찾았으므로 마음은 매우 기쁠 것이며, 만약 그가 이긴다면 블랙홀을 찾지 못해서 실망하겠지만 내기에서 이긴 것으로 위안을 삼을 수 있었을 것이다.

호킹의 이야기는 대부분 잘 알고 있을 테니, 여기서는 킵 손의 이야기를 해보려고 한다. 손은 존 휠러의 제자로 2009년부터 LIGO 국제중력파 연구단에 참여하여 중력파 탐지 실험을 진행했다. 2015년 마침내 충돌하는 블랙홀에서 나오는 중력파를 탐지했을 때 손은 이미 2014년에 개봉한 영화 〈인터스텔라〉로 유명세를 탄 뒤였다. 앞에서 말했듯이 그는 시나리오 작가 중 한 명이었고 과학 고문을 담당했다. 지금 미국에서 그의 인지도가 더 높아진 것도 이 영화 덕분이다. 그는 2017년 중력파 관측의 공로를 인정받아 노벨 물리학상을 받았지만, 노벨상이 영화보다 그를 더 유명하게 할 수는 없었을 것이다.

손이 영화계에 발을 디딘 것은 그의 친구이자 제1강 마지막에 소개했던 칼 세이건 덕분이다. 1980년 세이건은 자신이 제작한 다큐멘터리 〈코스모스Cosmos〉 시사회에 손을 초청하여 '린다'라는 여성과 함께 올 것을 권했다. 물론 세이건은 싱글인 손에게 린다를 소개해주며 잘되기를 바랐다. 그때 손은 영화계와는 거리가 멀었다. 영화계 분위기를 잘 알지 못했던 그는 모두가 정장을 입고 참석한 자리에 혼자 옅은 남색의 연미복을 입고 등장했다. 그때 영화계에서 일하고 있는 린다를 알게 되었다. 둘은 연인 사이로 발전하지는 못했지만 좋은 친구가 되었다고 한다.

2005년 린다는 웜홀Wormhole이 등장하는 SF 영화를 구상하고 있었다. 이 구상은 9년 만에 영화로 탄생하게 되었는데, 그것이 바로 〈인터스텔라〉다.

세이건은 이보다 일찍 SF 소설을 발표한 적이 있는데, 바로 이 소설에 웜홀이 최초로 등장한다. 천문학자로서 세이건은 외계인에도 줄곧 관심이 많았다. 우주에서 어떻게 외계인을 찾을 것인지 연구할 뿐만 아니라 외계인을 찾는 여성 과학자의 이야기를 그린 영화도 찍을 생각이었다. 물론 이 이야기는 세이건이 직접 썼고 1979년 그는 할리우드와 합작으로 영화를 찍었다. 그는 촬영 기간 동안 여주인공이 지구에서 멀고 먼 은하계의 한 곳으로 빠져나가는 에피소드를 생각했다. 하지만 그 당시 인류가 어떻게 빠르게 은하계를 빠져나올 수 있을지 알지 못했다. 그 때문에 웜홀을 생각해 냈다.

그렇다면 웜홀이란 무엇인가? 종이를 한 장 꺼내 양 끝에 연필로 각각 작은 원 P와 Q를 그려보자. 종이 위 2개의 작은 원 P와 Q 사이의 거리(A)가 20cm라고 하자. 한 마리 개미가 기어가는 속도가 초당 1cm라면 이 개미는 20초 동안 P에서 Q까지 갈 수 있다. 이 개미는 하늘이 두 쪽이 나도 1초 안에 한 원에서 다른 원까지 갈 수는 없다.

이제 종이를 구부려 두 원이 마주하게 해보자. 또 다른 종이로 원기둥을 만들고 아래의 그림처럼 원기둥으로 종이 위의 2개의 작은 원을 연결한다(B). 만약 이 원기둥이 1cm도 되지 않을 만큼 짧다면 개미는 1초 안에 한 원에서 다른 원까지 기어갈 수 있을 것이다.

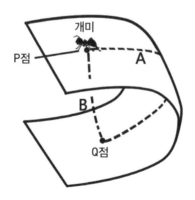

웜홀을 2차원적으로 설명한 모습

그다음 머릿속으로 이 종이를 아주 크게, 은하계만큼 크게 확대한다. 하지만 원기둥의 길이는 변하지 않는다. 작은 원을 연결하는 원기둥과 2개의 작은 원 자체는 본래 거리가 먼 2곳의 웜홀이 된다. 물론 이것은 세이건이 구상한 웜홀을 2차원인 종이로 설명한 것이다. 그의 머릿속에 있는 웜홀을 어떻게 현실 세계로 옮겨놓을 수 있을까?

안타깝게도 우리가 생활하는 세계는 종이와 다르다. 종이는 2차원이고 평평하다. 하지만 세계는 종이보다 한 차원 높은 3차원이라서 독립된 3개의 방향이 있다. 3차원 웜홀은 상상하기 쉽지 않다.

하지만 기하학의 도움을 받으면 생각해볼 수 있다.

세이건은 이 구상을 캘리포니아공과대학에 근무하던 킵 손에게 털어놓으며 아인슈타인의 일반상대성이론으로 웜홀을 설명할 수 있을지 물었다. 손은 하나의 웜홀을 만드는 데에는 음에너지Negative Energy가 필요한데, 우리의 세계 안에 있는 모든 에너지는 양에너지Positive Energy뿐이고 음에너지는 존재하지 않기 때문에 웜홀을 만들 수 없다고 계산해냈다. 그러면서 그는 이 구상은 불가능하며 영화에 사용할 수 없다고 단정했다. 하지만 천문학자로서 세상에 나타날 수 있는 모든 것을 열린 태도로 바라보는 세이건은 이런 손을 이해할 수 없었고, 그 후 시나리오에는 웜홀을 만들 수 있는 기구를 등장시켰다.

안타깝게도 여러 조건이 맞지 않아 영화로는 제작되지 못했다. 그 대신 세이건은 이 시나리오를 소설로 출판했다. 1981년 사이먼 앤드 슈스터Simon & Schuster 출판사가 세이건의 소설을 출판하기로 하고 200만 달러라는 당시로서는 대단히 큰 금액의 계약금을 지급했다. 세이건은 출판사를 실망시키지 않았다. 1985년 《콘택트Contact》라는 제목으로 소설이 출판되었다. 초판 인쇄본 26만 부는 순식간에 판매되었다. 출판사는 곧 다시 인쇄에 들어갔고 출판한지 첫 2년 동안 170만 부가 팔렸다.

세이건이 세상을 떠나고 1년 후인 1997년 할리우드는 마침내 동명의 영화 〈콘택트〉를 제작했다. 영화를 통해 웜홀을 만드는 기구와 여성 천문학자가 어떻게 웜홀을 통과하는지를 볼 수 있다. 하지만 웜홀의 외관은 끝내 보여주지 않는다. 2014년 세이건의 친구인 손이 참여한 영화 〈인터스텔라〉가 상영되었다. 그 안에는 인간의 눈에 비친 웜홀의 외관이 드디어 등장한다. 어두운 우주에 떠 있는 하나의 거대한 비눗방울 같은 모습이다.

그럼 "웜홀은 어디에 있나요?"라고 물을 수 있다. 사실 웜홀의 전체 모습은 바깥쪽에서는 볼 수 없다. 앞서 설명한 개미가 기어다니는 종이로 돌아가 개미가 무엇을 볼 수 있는지 살펴보자. 그 2차원 웜홀은 원기둥 종이로 연결되어 있는 2개의 원으로, 개미가 원기둥을 기어오르기 전에 본 것은 원의 한쪽 면이다. 어두운 우주에 떠 있는 비눗방울은 웜홀 입구의 한 면이다. 우리가 이 구면으로 들어가야 웜홀에 들어갈 수 있다. 웜홀을 통과해야 머나먼 우주의 다른 곳으로 갈 수 있다. 비눗방울 같은 물체 안에도 아주 많은 천체가 있을 것 같다고 생각했다면 정답이다. 사실 이러한 천체는 우주의 또 다른 끝에 있는 것이다. 그래서 천체가 내는 빛이 웜홀을 관통해야 우리 눈에 보인다. 세이건의 충고를 받아들인 손은 실제로 몇 년 동안이나 웜홀 연구에 집중했고 웜홀에 관한 학술논문까지 몇 편 발표하면서 영화에 등장한 가상의 웜홀을 굉장히 사실적으로 그렸다.

하지만 SF 영화는 영화일 뿐이다. 천문학자들은 아직까지 우주에서 웜홀을 발견하지 못했다. 반면 블랙홀은 실제로 많이 발견했다. 블랙홀을 구성하는 데에는 양에너지만이 필요한데, 이 지나치게 강한 양에너지가 거대한 항성을 붕괴시키면서 블랙홀을 형성한 것이다. 하지만 웜홀은 음에너지가 필요하다. 미래 인류는 음에너지를 찾거나 만들 수 있을까? 많은 물리학자가 이에 대해 어떠한 환상도 품지 않지만, 웜홀이 없다면 인류는 은하계를 벗어날 수 없을 것이다. 은하계를 벗어날 수는 없지만 천문학자들은 망원경 등 각종 수단으로 은하계 밖의 천체를 포함해 수많은 신비한 천체를 연구할 수 있다. 정말 신비한 천체 몇 개를 소개해보려고 한다.

항성의 폭발로 생겨난 신기한 천체를 초신성이라고 한다. 초신성이란 이름 그대로 마치 새로운 별이 생긴 것처럼 굉장히 밝았다가 사라지는 천체를 말한다. 앞서 항성의 폭발로 생긴 블랙홀에 관해 이야기했는데, 블랙홀이 되기 전 이러한 폭발이 남긴 것이 바로 초신성이다.

인류 역사에 기록된 첫 번째 초신성은 중국인이 발견했다. 물론 당시 인류는 우주에 초신성이라는 현상이 존재하는지도 몰랐다.

중국인은 하늘에서 밝은 별이 손님처럼 갑자기 나타났다고 해서 '객성客星'이라고 불렀다. 《후한서後漢書》에 동한東漢 말기인 서기 185년에 하나의 객성이 기록되어 있다. 그리고 송대宋代에 들어와 서기 1054년 또 한 번 객성이 나타났다. 송대 천문학자 양유덕楊惟德은 자신이 관찰한 것을 자세히 기록했다. 이 별은 아랍의 천문학자가 남긴 기록에도 등장한다.

어떻게 1054년의 이 객성이 초신성이며 항성이 폭발한 결과라고 인정할 수 있었을까? 이를 설명하기 위해서는 아름다운 게성운에 관해 이야기해야 한다. 132쪽의 사진이 바로 게성운이다. 게성운이 발견된 지는 이미 오래되었다. 그런데 20세기 초 천문학자들

안녕~
나는 초신성이야.
새로 왔어. 잘 부탁해.

이 다른 시기의 게성운 사진을 비교하면서 게성운이 계속 변화하고 있다는 것을 발견했다. 다시 말해 이 성운이 일정한 속도로 팽창하고 있다는 것이다. 이를 통해 900년 전 게성운은 분명 하나의 항성 크기였을 것이라고 추측하게 되었다. 1054년 고대인이 같은 위치에서 객성을 발견했다는 기록이 있기 때문이다.

게성운

은하계에는 평균 50년마다 하나 꼴로 초신성이 나타난다. 초신성 폭발 후 남은 잔해에는 여러 종류가 있는데, 게성운은 아주 크지도 작지도 않은 항성이 폭발하여 생긴 것이다. 게성운의 중심에는 그 질량이 태양보다 크고 밀도 또한 굉장히 큰(하지만 블랙홀보다는 훨씬 작다) 중성자별이 있다. 이 중성자별을 작다고 우습게 보면 안 된다. 어떤 것은 지구보다 작지만 그 질량은 태양보다 크다. 중성자별이 회전하면 무선 전파가 발사된다. 우주의 무선 전파를 받아들일 수 있는 세계 최대 크기의 망원경이 최근 모습을 드러냈다. 바로 중국 구이저우성贵州省 핑탕현平塘縣의 전파망원경으로 그 직경이 500m에 달한다. 사람들은 이 망원경을 이용해 은하계 밖의 중성자별을 발견하길 기대하고 있다.

앞서 말했듯 초신성은 은하계 내에서 평균 50년에 한 번 폭발한다. 하지만 망원경을 은하계 밖으로 향하면 매우 많은 초신성을 볼 수 있다. 천문학에 관심 있는 아마추어나 프로 천문학자도 1년에 수백 개의 초신성을 발견할 수 있다.

이제 튀코 브라헤Tycho Brahe에 관해 알아보자. 그는 태양계의 몇 가지 행성의 궤도를 상세히 관찰했다. 이는 훗날 케플러가 행성운동의 세 법칙을 확립하는 데 기초가 되었고, 나아가 뉴턴이 만유인력을 발견하게 한 공로로 과학사에서 매우 중요한 위치를 차지한다.

튀코 브라헤는 1572년에 한 초신성을 발견했다. 1572년 11월 11
일, 카시오페아자리 방향에서 매우 밝은 새로운 항성을 발견한 것
인데, 그는 1574년 3월 이 별이 점차 빛을 잃어가면서 보이지 않을
때까지 오랜 시간 관찰했다. 브라헤가 14개월 동안 진행한 관찰과
기록은 학술계에 큰 영향을 미쳤다.

당시 서양인들은 행성 위에, 하늘의 모든 천체는 영원불멸하다
고 믿었다. 브라헤는 오랜 시간에 걸친 초신성의 관찰을 통해 사람
들의 견해가 틀렸음을 증명했다.

브라헤의 인생은 그야말로 한 편의 드라마 같았다. 그의 친척

중에는 매우 부유한 귀족이 있었는데, 안타깝게도 자식이 없었다. 그래서 브라헤가 태어나기 전 그의 부모는 브라헤를 양자로 보내기로 그 귀족 친척과 합의했다. 하지만 브라헤가 태어나자 그의 부모는 후회했다. 브라헤를 보내고 싶지 않았지만 귀족이 쉽게 물러날 리 없었다. 결국 친척은 사람을 보내 브라헤를 데려갔고 브라헤는 귀족의 삶을 살게 되었다.

**튀코 브라헤(1546~1601)**
덴마크의 천문학자로 망원경이 없던 시대에 가장 정밀한 관측 결과를 남겼다. 카시오페아자리에서 초신성을 발견하여 맨눈으로 관찰할 수 없을 때까지 14개월간 관측을 계속하고 기록을 남겼다.

20세가 되었을 때 브라헤는 다른 귀족 자제의 한 결혼식장에서 언쟁이 붙었는데 몸싸움으로까지 번지고 말았다. 브라헤는 이 싸움으로 코뼈가 부러져 금속으로 된 가짜 콧대를 달고 살아야 했다. 브라헤의 가짜 콧대가 금인지 은인지는 몰라도 매우 값나가는 것이라는 소문이 퍼졌다. 소문과는 다르게 1901년 그의 무덤을 파 발견한 것은 구리로 된 콧대였다. 무거운 금이나 은보다는 구리로 만든 것이 당연했을 것이다. 안타깝게도 브라헤는 소변을 보지 못해 사망하였다. 한 연회에 참석했을 때 중간에 자리를 뜨기가 난감하여 소변을 참다가 방광염이 생긴 것이다. 브라헤가 55세에 세상을 떠나면서 케플러가 그의 직위를 물려받았고 또한 브라헤가 생전에 케플러에게 넘겨주려 하지 않았던 행성 자료까지 받게 되었다. 만약 브라헤가 더 오래 살았다면 케플러는 행성운동의 제3법칙을 발견하지 못했을 수도 있다.

케플러 제3법칙이란 무엇일까? 행성이 태양을 한 바퀴 도는 시간과 태양 사이의 거리가 일정한 관계에 있음을 설명하는 법칙이다. 이 제3법칙은 만유인력의 발견을 이끌어냈다는 점에서 케플러 행성운동 세 법칙 중 가장 중요하게 꼽힌다.

브라헤와 비교하면 케플러의 인생은 비참하기 그지없었다. 케플러는 빈곤한 가정에서 태어나 평생을 가난하게 살았다. 브라헤가 세상을 떠난 뒤 케플러는 그의 뒤를 이어 신성로마제국의 황실 수학자가 되었다. 얼핏 으리으리하게 높은 자리처럼 들리지만, 사실 그렇게 좋은 자리는 아니었다. 브라헤처럼 상류사회의 인맥이 넓지 않았던 케플러는 브라헤가 받은 급료의 약 절반밖에 받지 못했고 그것마저 제때 받지 못하기 일쑤였다. 케플러는 두 번 결혼하여 총 12명의 자녀를 낳았는데 대부분 가난 때문에 일찍 죽었다.

요하네스 케플러(1571~1630)
독일의 수학자, 천문학자로서 17세기 천문학 혁명을 이끈 핵심 인물이다. 그는 행성의 타원궤도를 발견하고 행성운동법칙을 제시했으며, 그의 저작들은 아이작 뉴턴이 만유인력의 법칙을 확립하는 데 기초를 제공했다.

1630년 케플러가 몇 개월 치의 급료를 받지 못해 가족들이 굶주리자 그는 어쩔 수 없이 긴 여행을 떠났다. 황제 루돌프 2세에게 밀린 급료를 독촉하기 위해 당시 제국회의를 개최하던 레겐스부르크로 떠난 것이다. 하지만 불행하게도 케플러는 그곳에서 큰 병을 얻어 급료도 받지 못하고 결국에는 목숨까지 잃고 말았다.

케플러의 고난은 여기서 끝나지 않았다. 세상을 떠난 뒤 한 교회에 묻히게 되었는데 이후 30년 동안이나 이어진 전쟁으로 교회는 폐허가 되고 케플러의 무덤도 사라졌다. 하지만 케플러는 사람들의 마음속에 영원히 부서지지 않을 기념비를 남겼다. 천문학에 대한 위대한 공헌으로 훗날 '하늘의 입법자'라 불리게 되었던 것이다.

앞서 거대한 에너지를 방출하는 블랙홀과 초신성에 관해 이야기했다. 하지만 이러한 천체 말고도 더 큰 에너지를 가지고 있는 천체가 있다. 바로 감마선 폭발Gamma-Ray Burst이다.

감마선 폭발이란 무엇일까? 우리는 나의 저작 《세상에서 가장 쉬운 양자역학 수업》에서 에너지가 매우 높은 광양자인 감마선에 관해 알아보았다. 감마선 폭발이란 대량의 감마선을 방출하는 천체 폭발 현상이다. 그 폭발 시간은 0.01초만큼 짧을 수도, 몇 시간에 걸칠 수도 있다. 감마선 폭발로 나오는 에너지는 얼마나 클까? 은하계 안 어딘가에서 감마선 폭발이 일어나고 거기서 방출되는 에너지가 공교롭게도 정확하게 지구를 향한다면 지구상의 모든 생명체는 사라지고 말 것이다. 은하계의 직경은 10만 광년에 달한다. 이렇게 먼 거리를 둔 지구를 소멸시킬 정도라면 감마선 폭발이 얼마나 대단한지 짐작할 수 있다. 심지어 지구 역사의 생물 대멸종 사건이 은하계 안에서 발생한 감마선 폭발 때문이라고 추측하는 사람도 있다. 생물 대멸종은 제4강에서 자세히 알아보자.

흥미롭게도 감마선 폭발은 천문학자가 발견한 것이 아니다. 1960년대는 미국과 구소련 사이의 경쟁이 치열하던 시대였다. 경쟁은 우주 항공뿐만 아니라 핵무기에서도 나타났다. 소련이 몰래 핵폭발을 시도하지 않았는지 감시하기 위해 미국은 1960년대 총 12대의 벨라 위성을 발사했다. 이 위성은 핵폭발 직후 발사되는 감마선을 탐지할 수 있었다. 결과적으로 벨라 위성이 발견한 것은 핵폭발 직후의 감마선이 아니라 우주 깊은 곳에서 나오는 감마선이었다. 이 감마선이 일정한 방향에서 나왔으므로 어떠한 천체가 발사하는 것이라고 추측할 수 있었다. 감마선 폭발은 이처럼 우연한 계기로 군사 위성에 의해 발견되었다.

감마선 폭발은 극초신성이 폭발하여 블랙홀이 되는 과정에서 회전·수축하는 물질 전체에 극방향으로 엄청난 에너지가 발생하는 현상이다. 거대한 항성이 마지막까지 연소한 결과인 셈이다. 어

감마선 폭발

떤 것은 블랙홀과 중성자별이 합쳐진 결과이기도 하다. 다행히도 현재까지 탐지한 모든 감마선 폭발은 우리와 아주 멀리 떨어진 은하계 밖에서 일어났다. 또한 감마선 폭발로 방출되는 에너지는 마치 손전등에서 나오는 빛처럼 좁은 원뿔에 집중된다. 그러므로 감마선 폭발이 지구에 닿을 가능성은 거의 없다.

물론 은하계 안에서 발생한 감마선 폭발이 지구상의 생물 대멸종을 초래했다는 이야기는 아직 추측에 불과하지만 가능성이 전혀 없진 않다. 모든 감마선 폭발은 은하 초기 역사에만 나타날 수 있다. 탄생한 지 수십억 년이나 된 우리 은하계에 또다시 감마선 폭발이 일어날 리는 없다. 왜 그럴까? 지금까지 발견한 모든 감마선 폭발은 우리와는 아주 멀리 떨어진 곳에서 발생했다. 이는 곧 우리가 그것을 발견할 때면 폭발한 지 이미 수억 년이 지났음을 의미한다.

이제 제3강을 마무리해보자. 우주는 137억 년 전 한 차례의 대폭발로 탄생했고, 우주는 끝없이 변하고 있으며, 그 나이 또한 유한하다. 우주 전체에는 블랙홀, 초신성, 감마선 폭발 등 많은 흥미로운 천체가 있다. 아마 우리가 아직 발견하지 못한 것이 있을 수도 있다. 인류가 과거 50년 동안 알아낸 것들은 큰 변화를 겪으며 다시 정의되었다. 앞으로 50년 동안에도 이러한 변화는 이루어질 것이다.

# 알면 알수록 더 재미있는 과학 이야기 ❸

❶ 각 고대 문화에도 우주 대폭발과 유사한 신화와 전설이 존재한다. 중국에도 이런 신화가 있다. 세상이 생기던 때 중앙 대제大帝를 '혼돈混沌'이라고 불렀다. 그리고 남북 두 대제를 각각 '숙倏'과 '홀忽'이라고 불렀다. 혼돈은 항상 숙과 홀을 후하게 대접했다. 숙과 홀도 혼돈의 은혜에 보답하려 고민하던 중 눈, 코, 입, 귀가 없는 혼돈을 불쌍히 여겨 7개의 구멍을 뚫어주기로 했다. 하지만 혼돈은 이 수술로 죽고 말았다. 혼돈이 죽기 전 아들을 하나 낳았는데 그 이름이 '반고盤古'다. 반고가 천지를 개벽하여 우주가 생겨났다.

❷ 중국 고대 신화든 그리스 고대 신화든 이집트의 신화든 천지 우주의 기원을 설명하기 위해 상상한 것이지 현대 우주학과는 다르다. 많은 신화를 보면 하늘과 땅이 똑같이 중요한 위치를 차지한다는 점을 알 수 있다. 오늘날 우리는 땅이 지구이며 지구는 우주의 아주 작은 일부에 지나지 않다는 사실을 안다.

❸ 빅뱅 이론대로라면 우주는 맨 처음 아주 뜨거운 입자로 구성되었으며 온도는 태양의 중심보다 더 뜨거웠다. 시간이 갈수록 온도는 더

뜨거워지며 심지어 한계가 없다. 하지만 실제는 그렇지 않다. 온도가 일정 수준에 도달하면 우리가 사용하는 물리학 법칙은 효력을 잃기 때문이다. 이 극도로 높은 온도의 확정에는 독일의 물리학자 막스 플랑크Max Planck가 제안한 플랑크단위가 관련되어 있다. 이를 플랑크 온도라고 하며 대략 $1.41 \times 10^{32}$K이다.

❹ 원자핵을 연구했던 조지 가모는 르메트르의 우주 대폭발 이론이 맞는다면 대폭발의 맨 처음에는 원자핵은 존재하지 않고 원자핵을 구성하는 핵자만 존재했으며 온도가 조금씩 낮아지면서 핵자가 헬륨이나 리튬같이 비교적 가벼운 원자핵을 만들었을 것이라고 생각했다.

❺ 조지 가모와 랠프 앨퍼는 함께 '우주에서 원소는 어떻게 합성하는가'에 관한 논문을 썼다. 가모는 논문의 저자 이름을 알파(앨퍼), 감마(가모), 베타(베테)로 맞추려는 부질없는 이유로 함께 논문을 쓰지도 않은 한스 베테Hans Bethe를 영입했다.

❻ 일반적으로 우주가 시작되는 몹시 뜨거운 입자를 함유하는 단계를 '우주 대폭발'이라고 부른다. 훗날 사람들은 입자가 어디에서 왔는지 궁금해했다. 이 문제와 또 다른 문제에 답하고자 미국의 앨런 구스Alan Guth 교수는 우주 인플레이션(급팽창) 이론을 제기했다. 그에 따르면 우주 대폭발은 급팽창한 이후의 우주 형성에만 적용된다. 우주

가 급팽창하는 그 순간 우주는 농구공 크기 정도로, 이보다 더 작을 수도 더 클 수도 있다.

❼ 우주 인플레이션은 어떻게 발생할까? 우주가 텅 비고 아무 입자도 없을 때 아주 짧은 급속 팽창기를 겪는다. 미시적 우주는 농구공 크기만 하게 팽창하고 거대하지만 입자가 아닌 에너지는 우주를 급속히 팽창시킨다. 물리학자가 이러한 에너지를 두고 여러 추측을 내놓았지만 아직 단정할 수 없다. 급속 팽창이 끝난 후 우주 인플레이션을 일으킨 에너지는 입자가 된다.

❽ 우주 인플레이션으로 우주의 웅장하고 아름다운 천체의 기원을 설명할 수 있다. 이러한 구조는 항성, 은하, 더 큰 구조를 포함한다. 하지만 아직까지는 우주 인플레이션을 지지할 수 있는 신뢰할 만한 증거를 찾지 못했다. 물리학자들은 아직도 우주 인플레이션을 증명하기 위해 조심스럽게 실험을 진행하고 있다.

❾ 과학자들은 우주배경복사의 경로, 많은 원소의 합성, 항성의 형성, 은하의 형성 등 원자핵이 합성된 후의 우주 형성 과정을 파악했다. 그 과정에는 많은 우여곡절이 있다. 내가 대학원생일 때만 해도 우주 형성에 관해 이렇게 상세한 내용은 밝혀지지 않았었다.

❿ 만약 시간을 원자핵 합성 전으로 돌린다면 '우주 안의 입자에는 왜 반입자가 별로 없을까?'와 같이 더 많은 궁금증이 생긴다. 러시아의

물리학자 안드레이 사하로프Andrei Sakharov는 이에 관해 몇 가지 추측을 내놓았지만 아직 더 많은 연구와 증거가 필요하다.

⑪ 1930년대 스위스의 천문학자 프리츠 츠비키Fritz Zwicky는 은하에 암흑물질이 존재한다고 주장했다. 지금은 대부분의 천문학자가 암흑물질의 존재를 받아들인다. 블랙홀이나 온도가 매우 낮은 천체는 암흑물질일 수 없다고 인식한다.

⑫ 만약 암흑물질이 블랙홀이나 온도가 매우 낮은 천체가 아니라면 무엇일까? 대부분 물질세계 속의 입자와는 어떠한 작용도 하지 않는 새로운 입자일 것이라고 생각한다. 중국 과학자는 금병산錦屏山의 터널에서 암흑물질을 탐측하는 실험을 진행했지만, 어떠한 암흑물질 입자도 탐지할 수 없었다.

⑬ 과거 한동안 중국 학술계는 대형 입자 충돌기를 만들 필요가 있는지 논쟁해왔다. 대형 입자 충돌기를 만드는 목적 중 하나는 암흑물질을 탐측하기 위해서였다. 하지만 이러한 시도는 암흑물질 입자와 입자 사이의 작용이 우리의 상상보다 훨씬 약할 수 있어 입자 충돌기에는 나타나기 어렵기 때문에 위험이 따른다.

⑭ 우리는 개방적인 태도를 지녀야 한다. 조건이 된다면 미지의 세계를 탐색해야 한다. 현재 우주의 최대 미스터리는 바로 암흑물질과 제4강에서 설명할 암흑에너지다.

⑮ 나는 조금 다른 암흑에너지 이론, 즉 홀로그래픽 암흑에너지 이론을 제기했다. 이 이론에서 암흑에너지 밀도는 시간에 따라 변화한다. 내가 살아 있는 동안 실험에 대한 지지를 받을 수 있으리라 기대하지 않지만 나의 관점을 한 권의 과학책으로 남긴 것은 매우 영광스러운 일이라고 생각한다.

⑯ 블랙홀에 관해 이야기할 때 스티븐 호킹 박사를 빼놓을 수 없다. 호킹의 가장 큰 물리학적 공헌은 블랙홀에 온도가 있다고 지적한 것이다. 하지만 그 온도가 매우 낮다고 생각한 호킹은 살아 있는 동안 자신의 이론이 실험으로 증명되는 장면을 보지 못했다.

⑰ 만약 블랙홀이 0.01g 정도로 아주 작아서 하늘에서 갑자기 폭발하는 블랙홀을 보게 된다면 그것도 모두 호킹 덕분이다. 하지만 이렇게 작은 블랙홀이 어떻게 생기는지는 상상할 수 없다.

⑱ 그럼에도 불구하고 호킹의 생각은 블랙홀의 정보 손실이라는 물리학의 난제를 제시했다. 블랙홀은 과연 정보를 가지고 있을까? 만약 그렇다면 도대체 어떻게 된 일일까?

⑲ 어쩌면 블랙홀의 정보 문제는 또 다른 궁극적인 문제와 관련 있을지도 모른다. 우주 빅뱅과 우주 인플레이션에 관해서는 알게 되었지만 우주 인플레이션이 또 어떻게 생긴 것인지는 아직 밝혀지지 않았기 때문이다.

# 4

# 우주에
# 종말이 올까?

제 4 강

우주의 가장 큰 기적은 무엇일까? 바로 우리 인류의 존재 자체다. 이 정답을 의아해하는 독자는 이렇게 물을 것이다. "기적이라면 흔치 않고 가능성이 거의 없어야 하는데, 지금 지구상에는 70억이 넘는 사람이 있잖아요. 그런데 어떻게 기적이죠?" 알고 보면 인류가 지금까지 존재하는 것은 분명 가능성이 아주 희박한 일이다. 이를 증명하는 이유는 차고 넘친다. 그중 가장 중요한 몇 가지 이유는 다음과 같다.

첫 번째 이유는 우주가 탄생할 때 매우 다행스럽게도 양자요동 Quantum Fluctuation이 일어났고 그 결과 태양계와 은하계가 생겨난 것이다. 이것은 2006년 노벨 물리학상을 받은 존 매더John Mather와 조지 스무트George Smoot가 발견했다. 두 사람 중 약력이 독특한 스무트에 관한 이야기를 해보려고 한다.

미국 폭스TV에서 퀴즈쇼 〈당신은 초등학교 5학년보다 똑똑한가요?Are You Smarter Than a 5th Grader?〉라는 프로그램을 방송한 적이 있다. 참가자는 초등학교 교과서에서 출제한 10개의 문제를 맞혀야 하는데 1학년부터 5학년까지 학년별로 2문제씩 출제된다. 모든 문제를 맞히면 참가자는 100만 달러(약 11억 원)의 상금을 받는다. 만약 문제를 다 맞히지 못하면 그 자리에서 "난 초등학교 5학년만도 못해요!"라고 외쳐야 한다. 스무트는 이 프로그램에서 큰

존 매더(1946~ )        조지 스무트(1945~ )

두 사람은 미국의 천체 물리학자로 우주배경복사탐사선을 통해 우주배경복사의 불균일성을 발견한 공로로 2006년 노벨 물리학상을 공동 수상했다.

상금을 준다는 말에 즉시 신청했다. 물론 그는 문제를 척척 맞혀 단숨에 100만 달러의 상금을 손에 넣어 노벨상 수상자가 일반 초등학생보다는 확실히 똑똑하다는 사실을 증명했다.

노벨상을 수상한 후 스무트는 미국 로렌스버클리국립연구소의 주임으로 임명되었다. 자신의 급여에 만족하지 않은 그는 많은 겸직을 찾았다. 프랑스의 파리제7대학, 중국 홍콩과학기술대학교, 한국의 이화여자대학교에서도 교수직을 맡았다. 그러다 보니 스무트는 매년 연구와 강의 등의 일을 하면서 무려 4곳에서 급여를 받게 되었다.

홍콩과학기술대학교에서 매년 한두 달씩 일한 스무트는 중국 문화에 관해서도 조금 이해할 수 있게 되었다. 2016년 초 최고 권위의 노벨상 수상자 총회의 학술 보고 자리에서 스무트는 중국의 인기 드라마 〈옹정황제의 여인〉에서 황후가 비통한 표정으로 내뱉은 대사 "신첩, 그렇게는 못하옵니다!"를 패러디해 네티즌 사이에서 화제가 되기도 했다.

스무트의 재미있는 일화는 이렇게 마무리하고 이제 그가 어떻게 노벨 물리학상을 받게 되었는지 살펴보자. 제3강에서 우주 대폭발이 남긴 가장 중요한 흔적이 우주배경복사라고 말했다. 우주배경복사를 자세히 연구하기 위해 매더와 스무트는 우주배경복사탐사선 코비COBE 위성을 제작하여 1989년 11월 로켓에 싣고 하늘로

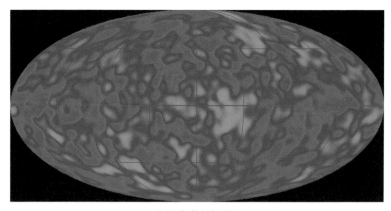

우주배경복사 지도

쏘아 올렸다. 이후 1992년에 들어서 연구팀은 코비 위성의 데이터를 분석하여 왼쪽의 그림과 같은 우주배경복사 지도를 완성했다.

이 그림을 우주지도라고 볼 수 있을까? 아마 그동안 우리가 봐온 지도와 비교하면 이상하다는 생각이 들 것이다. 세계지도를 본 적 없는 사람은 없을 것이다. 세계지도는 타원처럼 보이지만 둥글게 말면 지구 모양이 된다. 이 그림도 마찬가지로 타원처럼 보이지만 이 타원을 말면 하늘 전체가 된다. 그렇다면 우주지도와 세계지도의 다른 점은 무엇일까? 보여주는 것은 지구 각 방위의 육지와 해양의 분포라면 우주지도가 보여주는 것은 천구 각 방위의 온도와 물질의 분포라는 점이다. 이 우주지도에는 빨간색과 파란색이 불균일하게 분포되어 있는 것을 볼 수 있다. 빨간색 영역은 온도가 높은 곳으로 많은 물질을 포함하고 있다. 또는 물질의 밀도가 크다고 할 수 있다. 파란색 영역은 온도가 비교적 낮고 그 안에 포함된 물질이 적어 물질의 밀도가 작다고 할 수 있다. 그렇다면 이러한 현상은 왜 나타날까?

사실 우주가 탄생하는 그 순간 물질은 원래 매우 균일하게 우주에 분포되어 있었다. 다시 말해 모든 지역의 물질 밀도가 같았다. 이후 우주에는 양자요동이라는 물리적 과정이 발생했다. 양자요동의 원리는 매우 복잡하지만 그 영향은 단순하다. 물질의 분포를 불균일하게 만들어 일부 영역(빨간색 구역)의 물질은 더 많게, 또 다른 일부 영역(파란색 구역)의 물질은 더 적게 존재하도록 한다. 강조할 점은 양자요동이 불균일성을 매우 크게, 또는 매우 작게 만들 수 있다는 점이다. 즉 양자요동이 물질 분포의 불균일성에 미치는 영향은 매우 임의적이라는 뜻이다.

COBE 위성이 그린 우주지도가 바로 우주 전체에 분포하는 불균일성을 반영한다. 이러한 불균일 정도는 얼마나 될까? 대략 10만분의 1 정도다. 그러니까 빨간색 구역의 물질 밀도는 파란색보다 10만분의 1 크다. 인류에게 이 숫자는 매우 중요하다. 이보다 조금도 많거나 적어서는 안 된다. 많다면(예를 들어 1만분의 1이라면) 물질 분포는 너무 밀집되어 우주 대부분의 천체가 블랙홀로 변하게 될 것이다. 만약 적다면(예를 들어 100만분의 1이라면) 물질의 분포가 성기어 우주 대부분의 천체는 형성될 수 없었을 것이다.

이는 이론적으로 완전히 임의적인 양자요동이 그로 인한 물질 분포 불균일성을 정확하게 10만분의 1에 맞췄다는 뜻이다. 그렇지 않았다면 은하계도 태양계도 모두 형성될 수 없었을 것이다. 다시 말해 오늘날 우리 인류가 존재할 수 있는 것은 우주가 탄생할 때 발생한 최고의 행운인 양자요동 덕분이다.

인류의 행운은 여기서 그치지 않았다. 인류의 존재가 기적인 두 번째 이유는 45억 년 전에 발생한 사건으로 달이 만들어졌고 지구가 생명의 오아시스가 된 것이다.

제2강에서 설명했듯이 하나의 행성이 생명을 탄생시키기 위해서는 다음의 3가지 조건을 만족해야 한다. 첫째, 고체 행성이어야 한다. 둘째, 해비터블 존, 즉 생명체 거주 가능 영역에 위치해야 한다. 셋째, 대기와 자기장이 있어야 한다. 이 3가지 조건을 만족하기란 결코 쉽지 않다. 하지만 지구는 완벽하게 이 조건에 부합한다. 그 질량이 적절하여 너무 크지도 너무 작지도 않기 때문에 고체 행성의 상태를 유지할 수 있고, 위치 또한 적절한 곳에 자리 잡고 있다. 태양과 5%만 멀어지거나 15%만 가까워졌어도 해비터블 존에서 멀어졌을 것이다. 마그마가 용솟음치고 활성화된 지구의

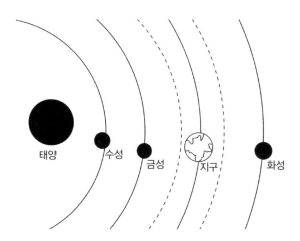

내부는 대기층을 형성하여 온도를 유지하면서 자기장을 만들어 위험한 태양복사를 방어해준다. 이처럼 여러 유리한 조건에 있는 지구이지만 형성 초기에는 지옥과 같이 공포스러운 공간이었다.

지구가 지옥과 같다니, 상상하기 어려울 것이다. 지구는 태양을 공전하는 동시에 24시간에 한 바퀴씩 스스로 자전한다. 이것이 바로 하루가 24시간이고 낮과 밤이 번갈아 생기는 이유다. 무엇보다 현재 지구의 자전은 비교적 안정적이라서 비틀거리거나 기울어지지 않는다. 더 과학적으로 말하면 지구 자전축의 경사각에 뚜렷한 변화가 발생하지 않는다는 것이다. 하지만 지구 형성 초기에는 모든 것이 지금과 달랐다. 당시 지구는 마치 멈추기 직전의 팽이처럼 비틀거렸다. 또한 24시간이 아니라 10시간에 한 바퀴씩 자전했다. 즉 당시 지구의 하루는 10시간뿐이었다. 불안정한 자전과 빠른 자전 속도는 심각한 문제를 초래했다. 당시 지구 내부의 운동이 지금보다 훨씬 활성화되어 지진, 해일, 화산 폭발과 같은 현상이 더욱 격렬하고 빈번하게 일어났다.

많은 독자가 지구 종말을 그린 재난 영화 〈2012〉를 보았을 것이다. 영화에서 지구는 내부 운동에 변화가 발생하여 멸망에 직면한다. 하지만 실제와 비교하면 〈2012〉에서 보여준 지구 내부의 변화는 그렇게 크다고 할 수 없다. 만약 지구 내부가 형성 초기로 돌아간다면 이로 인한 각종 자연재해는 영화 〈2012〉에서 묘사한 것의 수만 배는 더 심각할 것이다. 그렇게 된다면 지구에는 단 하나의 생명체도 남을 수 없을 것이다.

그렇다면 지금은 왜 예전처럼 공포스럽지 않을까? 45억 년 전 발생한 아주 우연한 사건으로 지구는 거대한 위성인 달을 갖게 되었다. 일반적으로 달처럼 큰 위성은 목성이나 토성처럼 거대한 기체 행성만이 가질 수 있는 사치품이다. 지구가 이렇게 큰 위성을 갖는 것은 월급쟁이가 호화스러운 유람선을 가지고 있는 것만큼이나 가당치도 않은 일이다. 달의 중력은 닻과 같은 역할을 해서 지구의 자전을 마침내 안정적으로 만들었다.

그렇다면 달은 어떻게 생겨났을까? 이 질문에 관해 과학자들은 많은 이론을 내놓았다. 현재 학술계에서 가장 보편적으로 받아들이는 이론은 1940년대 하버드대학교 레지널드 데일리Reginald Daly 교수가 제기한 충돌설이다.

데일리는 천문학자가 아닌 지리학자로 여러 분야에 능통했다. 어쩌면 이런 이유로 다른 분야의 사람들도 포용할 수 있었는지 모른다. 그는 일찍이 알프레트 베게너Alfred Wegener라는 독일의 기상학자가 제기한 지질학 이론을 지지했다. 이 지질학 이론이 바로 우리가 잘 알고 있는 '대륙 이동설'이다.

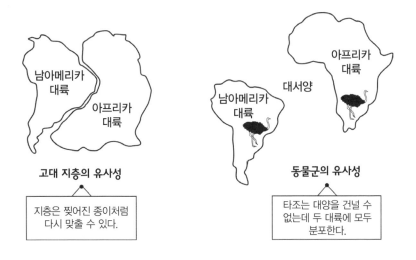

고대 지층의 유사성

지층은 찢어진 종이처럼
다시 맞출 수 있다.

동물군의 유사성

타조는 대양을 건널 수
없는데 두 대륙에 모두
분포한다.

이 이론에 따르면 지구의 모든 대륙은 원래 한 덩어리였는데 시간이 지나면서 여러 대륙으로 분리되고 이동하여 현재와 같이 분포되었다는 것이다. 하지만 당시에는 이단으로 취급되어 지질학계의 조롱을 받으며 인정받지 못했다. 이 이론을 지지했던 데일리까지도 덩달아 비난을 받았다.

그렇게 비난을 받으면서도 데일리는 침착하게 베게너조차 생각하지 못했던 문제를 생각했다. 바로 '지구의 대륙은 왜 이동했는가'라는 문제다. 데일리는 지구 형성 초기에 분명 예사롭지 않은 사건이 발생하여 한 덩어리인 대륙을 쪼갰으며 그 조각이 이동한 것이라고 생각했다. 이를 바탕으로 그는 세상을 깜짝 놀라게 할 이론을 제기했다.

데일리는 아주 오래전 화성만 한 크기의 천체가 지구와 충돌했으며 이 충돌로 지구 표면(지각)의 많은 물질이 우주로 폭발하였고 이러한 물질이 다시 모여 생긴 것이 달이라고 주장했다. 이 이론대로라면 달을 형성하는 물질은 지구 지각을 형성하는 물질과 비슷해야 한다. 훗날 미국의 우주비행사가 아폴로 달 탐사 계획을 통해 달에서 다량의 암석 표본을 가져와 데일리의 추측을 증명했다.

달을 형성하는 과정에는 매우 중요한 요소가 하나 있는데 그것은 바로 지구와 충돌하는 천체의 크기다. 날아오는 천체는 클 수

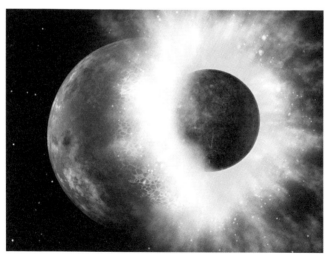

지구와 행성이 충돌하는 가상 그래픽

도, 작을 수도 있다. 전혀 예측할 수 없다. 하지만 과학적 연구에 따르면 이때 충돌한 천체는 크기가 정확히 화성만 하며 더 크지도 작지도 않았다고 한다. 만약 더 컸다면 지구는 이 충돌로 완전히 산산조각 났을 것이며 더 작았다면 지구의 자전을 바꿀 만한 달을 형성할 수 없었을 것이다. 다시 말해 이보다 더할 수 없는 행운으로 45억 년 전 딱 화성만 한 크기의 천체가 지구와 충돌하여 달이 형성되고, 지구를 생명이 존재할 수 있는 오아시스로 만들었다는 것이다.

이 2가지 이유만으로도 놀랍지 않은가? 하지만 인류가 존재하기까지 더 많은 불가능이 있었다. 세 번째 이유는 지구 역사상 여러 차례 발생했던 대규모의 생물 대멸종 사건이 우리를 대신해 주요 경쟁자들을 없애준 것이다.

인류가 환경을 파괴하고 동물들을 마구잡이로 잡아 많은 생물이 지구에서 멸종되었다는 사실을 모두 잘 알고 있을 것이다. 《사피엔스》의 저자 유발 하라리Yuval Noah Harari는 심지어 이러한 과정을 '천지를 멸망시키는 인류의 대홍수'라고 묘사했다. 하지만 사실 하라리는 인류의 능력을 너무 과대평가했다. 지구 역사상 발생한 진짜 재앙에 비하면 인류가 초래한 각종 파괴는 아무것도 아니다. 과학자들은 4억 4,000만 년 전 오르도비스기 대멸종, 3억 4,500

만 년 전 데본기 대멸종, 2억 4,500만 년 전 페름기 대멸종, 2억 1,000만 년 전 트라이아스기 대멸종과 6,500만 년 전의 백악기 대멸종 등 최소 다섯 번의 대규모 생물 멸종 사건이 발생했다는 것을 발견했다.

이러한 생물 대멸종 사건은 얼마나 무시무시했을까? 그 정도가 가장 가벼웠던 트라이아스기와 백악기 대멸종만 하더라도 70%의 생물 종이 지구에서 사라졌다. 더 심각했던 오르도비스기와 데번기 대멸종 때에는 80%가 넘는 생물 종이 멸종했으며 가장 심각했던 페름기 대멸종 때에는 무려 95%의 생물이 지구에서 사라졌다.

95%의 종이 멸종되었다는 것은 95%의 생물이 죽었다는 것을 의미하는 게 아니다. 살아남은 종의 5%에서조차도 거의 100%의 개체가 죽었다는 것으로, 극소수만 살아남았다는 의미다. 그러니 이 무시무시한 대멸종과 비교하면 인류 역사에서 발생한 그 어떠한 재난도 대수롭지 않은 셈이다.

왜 이러한 대멸종이 발생했는가에 대해서는 아직 정설이 없을 정도로 과학계의 의견이 분분하다. 현재 과학계는 6,500만 년 전 발생한 백악기 대멸종의 이유에 관해서만 일치된 입장을 보인다. 그 배후의 이야기는 아주 흥미로운데 소개하면 다음과 같다.

1970년대 월터 앨버레즈Walter Alvarez라는 미국의 지질학자가 이탈리아의 산간지역에서 연구를 진행하고 있었다. 지구의 암석은 퇴적되어 소위 퇴적암 지층이 된다는 것을 알고 있을 것이다. 그 구조는 층층이 쌓인 것으로 아래쪽의 암석일수록 오래된 것이다. 퇴적암 지층에는 다량의 광물과 화석이 포함되어 있어 지구 역사를 기록하는 두꺼운 책이라고 말할 수 있다.

월터 앨버레즈는 이 지구의 책을 읽으면서 6mm(아마 어린 독자들의 손톱 넓이만큼일 것이다)의 얇은 점토 한 층을 발견했다. 이 얇은 점토층은 전체 퇴적암 지층의 중간을 가르는 의미가 있었다. 그 밑의 암석은 오래된 백악기에 속했고 위쪽의 암석은 비교적 젊은 제3기에 속했다. 더 이상한 것은 백악기의 암석층에는 분명 많은 공룡과 기타 동물의 화석이 있었지만 제3기에는 아무것도 발견되지 않았다. 이 층의 점토가 이렇게 얇은 것은 사건이 매우 갑자기 발생했다는 것을 의미한다. 이게 어떻게 된 일일까?

일반적인 상황이라면 월터 앨버레즈는 이렇게 복잡한 문제에 관해 아무 대답도 할 수 없었을 것이다. 하지만 다행스럽게도 그의 부친이 바로 1968년 노벨 물리학상을 수상한 루이스 앨버레즈Luis Alvarez였다. 아버지 앨버레즈는 아들이 발견한 점토 표본을 미국의 로렌스버클리국립연구소로 가져갔다. 결과는 놀라웠다. 이 점토의 표본에는 이리듐이라는 미량원소가 다량 함유되어 있었다. 이 원소의 특징은 지구상에는 매우 드물지만 우주에는 아주 풍부하다는 점이다. 이후 아들 앨버레즈는 유럽, 오세아니아, 남극 등 세계 각지를 다니며 고찰하여 이 기이한 현상이 전 세계적으로 나타났다는 사실을 발견했다. 세계 각지에서 채취한 백악기와 제3기를 분리한 점토 속의 이리듐은 모두 지구의 정상치보다 몇 백 배나 많은 함량을 가지고 있었다.

마침내 앨버레즈 부자는 이 점토층이 지구상의 것이 아니며 우주에서 왔다고 결론 내렸다. 뿐만 아니라 그들은 6,500만 년 전 한 소행성이 지구와 충돌하여 백악기 대멸종이 발생했다고 예측했다.

앨버레즈 부자의 이론은 고생물학자들 사이에 큰 파문을 일으켰다. 문외한들이 갑자기 들이닥쳐 납득하기 어려운 이론을 내놓는 것도 모자라 고생물학계에서 수백 년 동안 풀지 못한 난제를 해결했다고 선언하자 모든 고생물학자들이 노발대발했다. 그들은 작은 행성이 지구와 충돌했다는 이론을 일고의 가치도 없다고 비난했다. 하지만 앨버레즈 부자도 순순히 굴복하지 않았다. 그는 물리학자 특유의 우월감으로 〈뉴욕타임스〉에 글을 기고하여 고생물학자들은 모두 '우표만 수집하는 사람'이라며 비웃었다.

아버지 앨버레즈는 1988년 세상을 떠났지만 그의 이론은 마지막에 가서 기쁨을 안겨주었다. 1990년 멕시코의 작은 마을 근처의 만灣에서 거대한 운석공이 발견된 것이다. 연구 결과 그것은 바로 앨버레즈 부자가 예측한 소행성이 지구와 충돌한 후 생긴 것이었다. 이 유력한 증거 덕분에 학술계는 마침내 6,500만 년 전 소행성이 지구와 충돌했으며, 이것이 바로 백악기 대멸종의 재앙을 일으켰다고 인정했다.

6,500만 년 전 소행성이 인류의 운명에 이렇게나 중요한 영향을 미쳤다. 백악기는 공룡이 살던 시대라는 것을 잘 알고 있을 것이다. 당시 지구의 곳곳에는 각양각색의 거대하고 무시무시한 공룡이 살았다. 그 시대에 모든 포유동물의 조상은 공룡을 피하기 위해

동굴에 숨어 사는 생쥐 크기 정도의 작은 동물이었다. 뜻밖에 만난 소행성이 모든 공룡을 멸종시키지 않았다면 독자들은 어쩌면 지금 동굴에 숨어 이 책을 읽고 있을지도 모른다.

더 중요한 것은 이러한 인류의 행운이 결코 한 번에 그치지 않았고 적어도 다섯 번이나 일어났었다는 점이다. 매번 우리의 선조가 구사일생으로 살아남아 대멸종으로 그들을 괴롭히던 경쟁자들을 물리쳤다. 인류의 행운에 관하여《거의 모든 것의 역사A Short History of Nearly Everything》의 저자 빌 브라이슨Bill Bryson은 이렇게 비유하기도 했다. "거의 40억 년의 시간 동안 모든 필요한 순간에 우리의 조상은 문이 닫히기 직전에 들어가는 데 성공했다."

지금까지 살펴본 것과 비슷한 이유는 일일이 나열할 수 없이 많다. 많은 사람은 인간이 만물의 영장이며 지구상에서 인류의 부상은 거스를 수 없는 역사적 흐름이었다고 생각한다. 하지만 알고 보면 지금 우리가 지구라는 별을 지배하고 있는 것은 헤아릴 수 없이 많은 우연의 요소가 공동으로 작용하여 나타난 결과일 뿐이다.

인류는 하마터면 이 세계에 존재하지도 못할 뻔했다. 이런 생각만으로도 무서운데 이제 더 무서운 주제, '우주에 과연 종말이 올 것인가'라는 문제에 대해 이야기하려고 한다.

알다시피 '지구와 인류는 어디로 가는가'라는 궁극적인 문제에 직면해 있다. 역사상 세계의 종말에 관한 추측은 끊이지 않고 있어 왔다. 예를 들어 기독교의 《성경》 중 〈요한계시록〉에는 언젠가 아마겟돈이라고 불리는 장소에서 선과 악이 최후의 대결을 펼친 후 예수 그리스도가 강림하여 그의 백성을 승리로 이끌고 모든 이를 심판할 것이라고 되어 있다. 또한 미국의 계관시인 로버트 프로스트Robert Frost는 그의 명시 〈불과 얼음Fire and Ice〉에서 이러한 시구를 남겼다. "누군가는 세계를 끝내는 것은 불꽃이라고 말한다. 그러나 누군가는 얼음이라고도 말한다."

과거 종말에 관한 추측은 한 가지 공통점이 있었다. 그 대상이 지구 또는 인류의 종말이었다는 것이다. 하지만 지금 이야기하는 것은 우주 전체의 종말이 올 것인가 하는 문제다. 그날이 오면 우주의 모든 은하, 항성 그리고 생명은 동시에 소멸한다. 대부분의 인류 역사에서 종말은 모두 종교 또는 철학의 문제로 다루어졌다. 하지만 과거 100년간 빠른 속도로 과학이 발전한 지금, 종말은 진정한 의미의 과학 문제가 되었다. 인정하고 싶지 않겠지만, 놀랍게도 이 문제의 답은 '우주의 종말이 올 가능성은 분명 존재한다!'라는 것이다.

이게 정말 사실이라면 인류는 두려움에 떨 수밖에 없다. 이제 그 이유를 설명할 것이다. 하지만 그 전에 누구나 잘 아는 아인슈타인에 관해 이야기해보려고 한다.

아인슈타인은 이미 역사상 가장 위대한 과학자 중 한 명으로 꼽히며, 그 어떤 과학자보다 몇 배는 더 대단하다고도 말할 수 있다. 하지만 그가 막 대학을 졸업했을 때 그의 처지는 일반 졸업생보다 더 참담했다. 아인슈타인이 공부하던 시절에는 대학생이 매우 드물었다. 그가 공부하던 취리히연방공과대학교에서 같은 물리학과 졸업생 동기는 4명뿐이었다. 따라서 그 시절 대학 졸업생은 모두

아인슈타인(1879~1955)
특수상대성이론, 브라운 운동, 광전효과를 발견하며 근대 물리학 발전에 중요한 역할을 했다. 특히 광전효과를 발견한 업적을 인정받아 노벨 물리학상을 수상했다.

취업 걱정을 할 필요가 없었다. 하지만 아인슈타인은 취리히연방
공과대학 물리학과 역사상 최초로 취업을 하지 못한 졸업생이라는
뜻밖의 기록을 세웠다.

그 시절 아인슈타인은 권위에 도전적이며 자신의 재능만 믿고
반항하는 오만한 젊은이였다. 아인슈타인은 만족스럽지 못한 교수
(취리히연방대학의 모든 교수가 해당된다)를 대놓고 무시하거나 무단결석
을 일삼아 교수들의 미움을 샀다. 물리학 지도교수였던 하인리히
F. 베버Heinrich F. Weber 교수는 "자네의 가장 큰 단점은 다른 사람
의 의견을 듣지 않는 걸세"라며 공개적으로 질책하기도 했다. 또한
수학과 교수였던 헤르만 민코프스키Hermann Minkowski는 심지어 다
른 사람에게 보내는 편지에서 아인슈타인을 '게으른 개'라고 비난
했다. 그 때문에 아인슈타인이 졸업할 때 그에게 추천서를 써주는
교수가 단 한 사람도 없었다. 베버 교수는 아인슈타인에게 조교
자리를 주지 않기 위해 일부러 2명의 기계공학과 졸업생을 고용하
기까지 했다.

졸업 후 1년 반 동안이나 정식 일자리를 찾지 못한 아인슈타인
은 가정교사로 일하면서 겨우 생계를 유지했다. 이 시기 유럽 전체
의 모든 자연과학 교수(수학, 물리, 화학 등 가리지 않고)에게 구직 편지
를 보냈지만 아무런 소득이 없었다. 아인슈타인은 독일 라이프치

히대학교의 빌헬름 오스트발트Wilhelm Ostwald(1909년 노벨 화학상 수상) 교수에게도 "수학물리학자인 조수가 필요하지 않으신가요? 저는 매우 가난합니다. 이러한 직위만이 저를 계속 연구할 수 있게 합니다"라고 편지를 보냈고, 2주 후에 '주소를 적지 않은 것 같다'라는 말도 안 되는 핑계로 또 한 통의 편지를 보냈다. 그 후 아인슈타인의 아버지까지 나서서 몰래 오스트발트에게 편지를 보내 아들에게 조교 자리를 달라고 애원했다. 하지만 세 통의 편지 모두 회신을 받지 못했다.

아이러니하게도 9년 후 아인슈타인이 그해 노벨 물리학상 수상

자로 선정될 때 가장 먼저 나선 사람이 바로 그렇게 냉정하고 무정했던 오스트발트 교수였다. 훗날 아인슈타인은 그의 친구이자 수학자인 마르셀 그로스만Marcel Grossmann에게 편지를 써 "신은 어리석은 당나귀를 만드셨는데 그에게 두꺼운 가죽을 주셨다"라며 조롱했다.

결국에는 친구인 그로스만에게 부탁해 그의 아버지를 통해 간신히 베른 특허국에서 일자리를 하나 얻을 수 있었다. 그 뒤의 일은 아마 많은 독자가 알고 있을 것이다. 1905년 아인슈타인은 한번에 다섯 편의 획기적인 논문을 발표한다. 양자론, 원자론, 특수상대성이론은 3대 분야에서 모두 혁명적이라는 평가를 받으며 1905년을 물리학 기적의 해로 만들었다. 학술계 성지에 200년 넘게 세워졌던 뉴턴 역학의 탑은 이렇게 무너졌다.

위대한 성과를 거둔 아인슈타인은 이제 고진감래, 꽃길만 걸을 수 있었을까? 전혀 그렇지 않았다. 당시 극소수의 전문가를 제외하고는 그를 상대해주는 사람이 없었다. 그래서 그는 여전히 특허국에서 일해야 했다. 1908년 초 취리히의 한 고등학교 신문에 올라온 수학 선생님 모집 공고를 보고 마음이 들뜬 아인슈타인은 학교에 신청서를 내면서 물리도 가르칠 수 있다고 자신감을 보였다. 하지만 총 21명의 신청자 가운데 아인슈타인은 1차에서 탈락하고 말았다.

'아인슈타인은 어쩜 이렇게 운이 없을까? 물리학 기적의 해까지 만든 이후에도 왜 과학계의 슈퍼스타가 될 수 없었을까?' 당시는 아인슈타인이 아직 그의 인생의 가장 큰 역작을 발표하지 않았던 때였다. 1915년이 되어서야 아인슈타인은 그의 생애에서 가장 위대한 이론을 발표한다. 그것은 바로 과학사에서 가장 으뜸으로 치는 일반상대성이론이다.

많은 사람이 일반상대성이론이라는 말만 들어도 질겁한다. 아마도 과학자들이나 이해할 수 있는 것이라고 생각하는 듯하다. 하지만 사실은 이름만 바꾸면 누구라도 이해할 수 있다. 일반상대성이론은 아인슈타인의 중력이론이라고 말할 수 있다.

지금부터 한 가지 사고실험을 해보자. 여기에 아주 큰 스프링

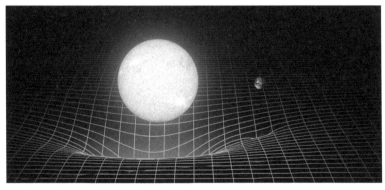

태양에 의해 휘어진 시공간을 표현한 그래픽

매트리스가 있다고 생각해보자. 일반적으로 작은 유리구슬이 평평한 매트리스에서 굴러간다면 모두 직선으로 굴러갈 것이다. 이제 여기에 아주 커다란 쇠구슬을 올려놓는다면 매트리스는 무게에 눌려 바로 꺼질 것이다. 이때 이 큰 쇠구슬 옆에 작은 유리구슬이 있다면 그 운동 궤도는 즉시 변하게 된다. 유리구슬의 맨 처음 운동 속도가 충분히 컸다면 이 쇠구슬로 휜 영역을 벗어날 수 있을 것이다. 하지만 맨 처음의 운동 속도가 느렸다면 눌려 휘어진 매트리스를 따라 굴러 커다란 쇠구슬에 부딪힐 것이다.

자, 이제 이 매트리스를 공간, 쇠구슬은 태양이라고 상상해보자. 아인슈타인은 태양의 존재로 생긴 공간의 굴곡이 모든 물체를 태양으로 잡아당기는 만유인력과 같은 역할을 한다는 사실을 발견했다. '공간의 굴곡이 만유인력과 같다.' 이것이 바로 일반상대성이론의 가장 핵심 개념이다. 그러므로 일반상대성이론은 업그레이드된 뉴턴의 만유인력이라고 이해할 수 있다. 또한 방금 이야기한 아인슈타인의 중력이론이라고 할 수도 있다.

아인슈타인은 일반상대성이론을 제기한 후 곧바로 이를 우주 전체에 적용하여 연구했다. 하지만 곧 커다란 문제에 부딪혔다. 어떻게 된 일일까? 지구의 중력에 의해 하늘 위로 던져진 물체는 결국 땅으로 떨어지게 되어 있다. 물체를 떨어지지 않게 하려면 2가

지 방법뿐이다. 첫째, 물체를 인공위성처럼 아주 빠른 속도로 던진다. 둘째, 열기구와 같이 물체에 지구의 중력과 반대 방향의 힘을 가한다.

이제 이 관찰을 우주 전체에 적용해보자. 아인슈타인은 중력의 작용으로 인해 우주 전체가 한 덩어리로 붕괴된다는 것을 발견했다. 이게 정말이라면 지구는 분명 찌그러질 것이다. 이와 비슷하게 우주의 붕괴를 막기 위해서도 2가지 방법이 있다. 첫째, 우주 전체가 매우 빠른 속도로 바깥쪽으로 팽창하게 한다. 둘째, 우주에 척력을 발생시키는 물질이 존재하도록 해서 중력에 대항한다.

제2강에서 이야기했듯 아인슈타인이 일반상대성이론을 제기한 시대에는 은하계가 우주의 전체라고 생각했다. 분명 은하계는 팽창할 수 없다고 믿었기에 아인슈타인은 첫 번째 방법이 불가능하다고 생각했다. 그래서 그는 자신의 일반상대성이론을 수정한다. 그리고 우주상수항을 도입한다. 이 상수항의 역할은 척력을 발생시키는 것이다. 이때 척력의 크기는 우주상수의 크기에 달려 있다. 우주상수값을 조절하면 발생하는 척력을 우주의 모든 물질에서 발생하는 만유인력과 같게 할 수 있으며 이렇게 되면 우주 전체가 정지할 수 있다.

하지만 이미 언급했듯 1930년대 초 미국의 천문학자 허블이 세페이드 변광성의 표준촉광을 이용하여 우주 전체가 팽창하고 있다는 사실을 발견했다. 이 발견은 아인슈타인에게는 청천벽력이 아닐 수 없었다. 우주 자체가 팽창하는 마당에 우주상수를 도입하는 것은 완전히 불필요한 일이었다. 만약 그때 우주상수를 도입하지 않았다면 아인슈타인은 우주 전체가 팽창한다는 것을 예언할 수 있었다. 작은 행성의 한 구석에서 한 사람이 자신의 생각만으로 우주 전체가 어떻게 변하는지 안다는 것은 얼마나 대단한 일인가! 하지만 안타깝게도 길 하나를 잘못 들어서면서 아인슈타인은 절호의 기회를 놓쳐버리고 말았다. 아인슈타인도 이 일을 무척 아쉬워하며 만나는 사람마다 우주상수를 도입한 것은 자신의 일생에서 최대 실수라고 한탄을 늘어놓았다고 한다.

하지만 현실은 가장 기이한 현상보다도 더 기이할 때가 있다. 최근 20년 동안 이 이야기에 기막힌 반전이 일어났다.

1998년 Ia형 초신성이라 불리는 표준촉광을 이용해서 미국의 두 연구팀이 깜짝 놀랄 만한 사실을 발견했다. 우주는 팽창할 뿐만 아니라 가속 팽창한다는 내용이었다. 우주 팽창의 속도가 점점 더 빨라지고 있다는 뜻이다. 이것은 매우 위대한 발견이 아닐 수 없다. 그 의미는 허블이 우주 팽창을 발견한 것만큼이나 중요하다. 이러한 발견으로 솔 펄머터Saul Perlmutter, 브라이언 슈미트Brian Schmidt, 애덤 리스Adam Riess가 2011년 노벨 물리학상을 수상했다.

듣다 보니 좀 복잡하다고 느낄 것이다. 좀 더 자세히 설명하면 이렇다. 만약 열기구를 하늘로 띄우는 속도를 점점 빠르게 하고 싶다면 반드시 열기구가 위로 향하게 하는 양력이 지구가 열기구에 가하는 중력보다 커야 한다. 유사하게 우주를 가속 팽창시키려면 반드시 우주 안의 척력이 그 중력보다 커야 한다. 다시 말해 아인슈타인이 이미 포기한 우주상수가 놀랍게도 여기서 부활한다. 다만 이번에 그 값을 더 크게 조정해야 한다. 그래야 그로 인해 생기는 척력이 우주 안의 모든 물질에 생기는 중력보다 클 수 있다. 결과적으로 아인슈타인이 도입한 우주상수는 21세기의 물리학이 공교롭게도 20세기에 너무 일찍 나타난 것이라고 볼 수 있다. 이른바 '아인슈타인 일생의 최대 실수'는 일반상대성이론의 오점이 아닐 뿐더러 이 최고의 과학 왕관에서 가장 빛나는 다이아몬드가 되었다.

현재 학술계에서는 이미 우주에 존재하는 매우 신비한 물질을 암흑에너지라고 부르는 데 이견이 없다. 이 암흑에너지가 현재 우주의 가속 팽창에 척력을 제공한다. 과학자들은 이미 암흑에너지에 관해 많은 이론을 제기했다. 그중 가장 유명한 것이 앞서 독자에게 소개한 아인슈타인의 우주상수 모형이다. 우주상수와 암흑에너지는 등가는 아니지만 암흑에너지의 후보 중 하나라고 말할 수 있다.

"암흑에너지는 도대체 어떤 물질인가요?"라고 묻는다면, 사실 현재 이 세계에는 이 질문에 정확하게 대답할 수 있는 사람이 없다. 이 질문에 답을 찾는다면 노벨 물리학상은 떼어놓은 당상이다. 제2의 아인슈타인이라 불릴 수도 있다.

현재 과학자들이 정확히 말할 수 있는 것은 암흑에너지가 다음의 3가지 주요 성질을 가지고 있다는 것뿐이다. 첫째, 암흑에너지는 '어둡다', 빛을 낼 수 없고 빛을 반사할 수 없다. 그 때문에 우리는 영원히 그것을 볼 수 없다. 둘째, 정상적인 물질과 다르다. 암흑에너지에서 발생하는 것은 중력이 아니라 척력이다. 셋째, 일반적으로 암흑에너지는 진공상태에서 나오기 때문에 어느 곳에나 존재한다. 그리고 균일하게 우주 전체에 퍼져 있다. 암흑에너지는 결코 우리와 멀리 떨어져 있지 않으며 몸속과 주변에 있다.

그러면 왜 일상생활 중 암흑에너지의 존재를 느낄 수 없을까? 그 밀도가 매우 낮기 때문이다. 우주학자의 예측에 따르면 $1m^3$의 구역 안에 포함된 암흑에너지의 총 질량은 대략 $10^{24}$분의 7g에 불과하다. 지구의 평균 반경이 6,371km임을 감안하면 이것은 133개의 지구가 포함하는 모든 암흑에너지를 합쳐도 그 총질량이 1g, 즉 100원짜리 동전의 5분의 1밖에 되지 않는다는 뜻이다. 암흑에너지의 밀도가 이렇게 낮으니 우리의 일상에 아무런 영향을 미치지 않는 것이 당연하다.

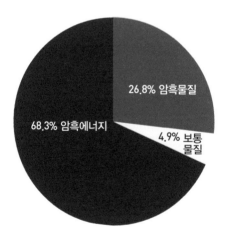

우주를 구성하는 물질의 비율

하지만 암흑에너지의 밀도가 이렇게 작아도 우주의 어느 곳에라도 존재한다면 티끌 모아 태산이라고, 우주에서 암흑에너지는 매우 강력한 세력이 된다. 최근의 천문 관측에 따르면 암흑에너지가 우주 총 물질에서 차지하는 비중은 70%에 가깝다고 한다. 암흑에너지야말로 우주에서 주도적 힘을 발휘하고 그 성질이 우주의 최종 운명을 결정한다고 말할 수 있다.

우주의 종말에 관해 설명한다더니, 왜 계속 암흑에너지에 관해 이야기하는지 궁금할 것이다. 이제 곧 본론으로 들어갈 테니 조급해할 필요 없다. 정상적인 암흑에너지 모형(예를 들면 아인슈타인의 우주상수 모형)은 어떠한 우주의 종말과도 관련이 없다. 하지만 그 판도라의 상자를 연 사람은 이미 등장 준비를 마쳤다.

1999년 미국의 물리학자 로버트 콜드웰Robert Caldwell은 새로운 암흑에너지 모형을 제시했다. 마침 영화계의 거장 조지 루카스 감독의 〈스타워즈: 에피소드1 – 보이지 않는 위험Star Wars: Episode I – The Phantom Menace〉이 개봉되는 시기여서 더욱 화제를 모았다. 이 대작에 경의를 표하기 위해 콜드웰은 유령의 영문 'Phantom'을 사용해 자신의 새로운 모형에 '팬텀 암흑에너지'라는 이름을 붙였다.

콜드웰의 이론은 제기되자마자 즉시 학술계의 뭇매를 맞았다. 그의 논문이 발표되지 못하도록 모든 심사자가 혼신의 힘을 다해 콜드웰을 괴롭혔다. 정상적인 상황이라면 한 편의 논문이 기고에서 접수까지 3개월에서 6개월 정도 걸린다. 하지만 콜드웰의 이 논문은 3년이라는 긴 시간이 걸려서야 발표될 수 있었다. 이 논문은 무엇 때문에 이토록 미움을 샀을까? 암흑에너지의 밀도가 시간이 흐르면서 점점 커진다는 상식적이지 않은 현상을 제기했기 때문이다.

모두 알다시피 우리에게 익숙한 세계는 중력에 의지해 관계를 유지한다. 예를 들면 우리가 우주로 떠다니지 않는 이유는 지구의 중력이 우리를 잡아당기기 때문이다. 만유인력이 없다면 모든 것이 무너질 것이다. 중력에는 한 가지 특징이 있는데 바로 매우 안정적이라 결코 시간에 따라 변하지 않는다는 점이다. 즉 시간이 아무리 많이 흐르더라도 지구와 태양계와 은하계를 묶는 중력은 늘어나거나 줄어들지 않는다.

앞서 설명했듯이 우주의 모든 곳에는 암흑에너지가 존재하며 척력을 발생시킨다. 암흑에너지의 밀도가 매우 낮아서 발생하는 척력 역시 매우 작다. 그래서 우리는 일상생활 속에서 그 존재를 전혀 느끼지 못한다. 그런데 만약 콜드웰의 이론이 맞는다면 일은 아주 번거롭게 된다. 팬텀 암흑에너지의 밀도가 시간이 흐르면서 계속 커져 그것이 발생시키는 척력도 커지는 반면, 세계를 안정적으로 묶는 중력은 영원히 변하지 않는다면 미래의 어느 날에는 척력이 중력보다 커져서 인력으로 묶인 이 세계의 안정을 파괴하게 될 것이다. 그때가 되면 우주의 모든 구조, 은하계, 태양계, 지구는 물론 우리도 내부의 팬텀 암흑에너지에 의해 산산조각 날 것이라는 이야기다. 이 무시무시한 종말이 '빅 립Big Rip(대파열)'이다.

그렇다면 '빅 립'은 정말 발생할까? 2012년 나와 다른 세 동료는 당시 가장 최신 천문 관측 데이터를 활용해 우주의 최후 운명에 관해 함께 연구했다. 그 연구를 발표한 글이 수십 곳의 언론에 보도되기도 했다. 우리는 현재의 천문 관측에 근거하여 '빅 립' 발생의 가능성을 배제할 수 없다는 결론을 내렸다. 최악의 상황에서 우주는 167억 년 후 파괴된다.

정말 우주의 종말이 온다면 세계는 어떻게 변할까? 빅 립이 서기 167억 년 12월 31일 24시 정각에 발생한다고 가정해보자. 서기 167억 년과 지금의 가장 큰 차이는 하늘의 별이 모두 사라진다는 점이다. 심지어 사라진 지 수천만 년도 더 지난 뒤다. 그밖에 마지막 1년 대부분의 시간 동안 우리는 어떠한 변화도 느낄 수 없을 것이다. 하지만 10월 31일 명왕성을 볼 수 없다는 사실을 발견할 것이고, 뒤이어 해왕성, 천왕성, 토성, 목성, 화성까지 모두 약속이나한 듯 하나씩 사라질 것이다. 12월 26일이 되면 달도 흔적 없이 사라질 것이다. 지구의 중력에서 벗어나는 달을 눈으로 직접 확인할 수도 있다. 달은 고삐 풀린 야생마처럼 우주 멀리 사라질 것이다.

진정한 공포는 12월 31일 한밤중에 일어난다. 12월 31일 23시 32분, 팬텀 암흑에너지가 일으키는 척력은 태양의 중력보다 커져 태양이 해체되고 만다. 12분 후 그러니까 23시 44분, 지구는 마치 거대한 폭탄처럼 내부에서부터 폭발하여 붕괴된다. 크고 작은 지구의 파편이 우주에 흩어지고 곳곳에서 사람들의 울부짖는 소리가 들려오겠지만 그들의 고통은 오래가지 않을 것이다. 종말이 오기 1만조 분의 3초 전에는 원자도 팬텀 암흑에너지의 척력에 의해 파열될 것이다. 그러고 나면 '빅 립', 대파열의 시각이다. 이때 팬텀 암흑에너지는 천하를 지배하여 우주의 모든 것을 철저히 부숴버릴 것이다. 우주 전체, 심지어 시간 자체도 끝이 난다. 로버트 프로스트는 아마 꿈에도 생각하지 못했을 것이다. 불과 얼음 말고도 우주에는 더 무서운 존재가 숨어 있었다는 사실을.

하지만 독자들은 걱정할 필요 없다. 여기서 묘사한 광경은 이론상의 가능성일 뿐이다. 우주의 최후 운명은 암흑에너지의 성질에 달려 있다. 암흑에너지에 관한 탐색은 아마 21세기 가장 중요한 과학의 의무 중 하나가 될 것이다.

# 알면 알수록 더 재미있는 과학 이야기 ④

❶ 맨 처음 "신첩, 그렇게는 못하옵니다!"를 정식 학술 보고에 사용한 사람은 조지 스무트가 아니라 홍콩과기대학교 물리학과 왕이(王一) 교수다. 왕이 교수는 이 책의 두 저자와도 인연이 깊은데, 바로 나(리먀오 교수)의 제자이자 왕샹의 선배다.

❷ 조지 스무트가 중국에 온 것은 단지 교수 자리 때문만은 아니었다. 사업차 온 것으로, 그의 회사는 홍콩, 타이베이, 가오슝, 둥관에 서비스망을 갖추었다.

❸ 존 매더는 스무트에 비해 학술활동에 더 편향되어 있었다. 그는 현재 NASA의 가장 중요한 우주 프로젝트(제임스 웨브 우주망원경)의 핵심 인력으로 활동하고 있다.

❹ 아무런 프로그램도 수신하지 않을 때 TV의 화면에는 눈꽃 같은 흰 반점의 잡음이 나타난다. 그중 1%는 우주배경복사로부터 온 것이다.

❺ 양자역학에 따르면 진공은 아무것도 없는 것이 아니다. 진공 중에는 한 쌍의 가상 입자가 유령처럼 이유 없이 튀어나간다. 그중 하나의 에너지가 양(+)이고 나머지 하나는 음(-)이다. 2개를 합하면 0이 된

다. 그것들은 어떤 때 동시에 나타나서 서로 멀어지다가 다시 가까워진다. 그런 뒤 마지막에 서로 부딪혀 사라지고 만다. 이러한 과정이 발생하는 시간은 매우 짧다. 그렇기에 정상적인 사람은 전혀 느낄 수가 없다. 이 기이하기 짝이 없는 현상이 바로 양자요동이다.

**⑥** 달의 기원에 관한 이론 중에는 충돌설 외에도 더 있다. 달이 지구와 함께 45억 년 전 한 기체 무리의 붕괴로 형성되었다고 보는 동시생성설과 달이 지구로 다가오다가 지구의 중력에 의해 포획되었다고 생각하는 포획설이다. 하지만 미국 우주비행사가 달에서 가져온 암석 샘플은 이 두 이론을 뒷받침해주지 않았다.

**⑦** 어떤 과학자들은 한 번의 충돌만으로 달이 형성되지는 않았을 것이며 실제 충돌은 몇 차례 발생했을 것이라고 생각한다.

**⑧** 지질학자는 지층 형성의 앞뒤 순서에 따라 지층을 시생대, 원생대, 고생대, 중생대, 신생대로 나눈다. 대代의 하부 단위로는 기紀를 사용한다. 고생대에는 캄브리아기, 오르도비스기, 실루리아기, 데본기, 석탄기, 페름기가 포함된다. 중생대에는 트라이아스기, 쥐라기, 백악기가 포함된다. 그리고 신생대에는 고제3기, 신제3기, 제4기가 포함된다.(원생대는 우리나라에서는 나누지 않지만 중국에서는 장성기長城紀, 계현기薊顯紀, 청백구기靑白口紀, 진단기震旦紀로 구분한다-옮긴이)

**⑨** 생물 대멸종을 일으킨 원인은 다양하다. 그중 가장 중요한 원인이 급

격한 기후 변화다. 지구 기온이 대폭 상승하거나 대폭 하락하면 대규모의 생물 멸종을 일으킬 수 있다.

⑩ 유명한 실험물리학자이자 원자핵을 발견한 어니스트 러더퍼드Ernest Rutherford는 "물리학 외의 과학은 우표수집에 불과하다"라며 오만한 발언을 했다. 하지만 아이러니하게 그가 받은 노벨상은 물리학상이 아니라 화학상이었다.

⑪ 1994년 인류가 처음으로 태양계 안의 천체 충돌을 관찰했다. 슈메이커-레비 제9혜성Comet Shoemaker-Levy 9은 목성의 조석력으로 21개의 조각으로 나뉘어졌고, 1994년 7월 17일 차례로 목성과 충돌했다. 당시 충돌 위력이 얼마나 대단했는지 목성에는 지구 직경보다 큰 흔적이 남았다.

⑫ 목성과 토성은 거대한 '우주 청소기'다. 그 강력한 중력은 지구를 위협하는 수많은 혜성과 소행성을 가로막았다. 이것 역시 인류에게는 엄청난 행운이라는 또 다른 증거 중 하나다.

⑬ 지구의 종말에 대해 사실 매우 현실적인 위협이 있다. 과학자들은 안드로메다 은하가 결국 은하계와 충돌할 것이라는 사실을 발견했다. 하지만 다행히도 이 일은 50억 년 후 발생한다.

⑭ 아인슈타인은 대학에 낙방한 적이 있다. 당시 그는 스위스 취리히연방공과대학 입시를 보러 갔는데 이공 과목의 시험은 꽤 괜찮게 보았

지만 몇몇 문과 과목을 망쳤다. 취리히연방공과대학의 신입생 모집 원은 아라우고등학교에서 재수하고 다음 해에 다시 시험 볼 것을 권했다. 아인슈타인은 자존심 때문에 이탈리아에 있는 가족에게는 이 학교의 대학 예비반에 다닌다고 편지에 썼다.

⑮ 1919년 영국의 아서 에딩턴Arthur Eddington이라는 천문학자는 군 복무를 거절했다는 이유로 영국 정부에 의해 감옥에 갈 뻔했다. 그 때 누군가 그를 감옥에 보내는 대신 개기일식에 관한 과학적 연구기관에 파견하여 국가에 헌신하도록 하자고 설득했다. 영국 정부가 이에 동의했고, 이 과학 연구로 아인슈타인의 일반상대성이론을 검증했다.

⑯ 1919년 개기일식을 관찰하여 얻은 대부분의 데이터는 모두 아인슈타인의 일반상대성이론을 뒷받침해주었다. 하지만 소수의 데이터는 뉴턴의 만유인력 이론을 지지했다. 에딩턴은 일반상대성이론이 틀림없이 정확하다고 믿었기에 논문을 쓸 때 뉴턴의 만유인력을 뒷받침해주는 데이터는 사용하지 않았다.

⑰ 우주가 가속 팽창한다고 지적한 첫 번째 논문은 하버드대학교의 초신성 관측팀이 발표했다. 이 연구팀의 팀장은 미국 국립과학원의 로버트 커시너Robert Kirshner 교수다. 하지만 커시너 교수는 매우 독단적이고 제멋대로 팀원들을 부리는 사람이어서 원성이 자자했다.

결국 이 팀의 핵심 연구원으로 커시너 교수의 박사생이었던 애덤 리스와 브라이언 슈미트가 함께 커시너를 배반했다. 이후 노벨상 역시 커시너에게 돌아가지 않았다.

⑱ Ia형 초신성 역시 일종의 표준촉광이다. 이 별의 형성 과정을 설명하면 이렇다. 우주에는 엄청난 양의 쌍성계가 존재한다. 2개의 항성이 서로를 돌고 있는 것이다. 그중 1개의 항성이 먼저 백색 왜성으로 변하면 그 짝꿍별에게서 물질을 빼앗아간다. 빼앗아온 물질과 자신의 질량을 합쳐 1.4배의 태양 질량(찬드라세카르 한계)을 초과할 때 대폭발이 일어난다. 이렇게 되면 모든 물질이 에너지로 전환되고 한꺼번에 우주로 던져진다. 이 과정에서 매우 밝게 보이는 신성이 만들어진다. 그것이 바로 Ia형 초신성이다. 폭발할 때마다 방출되는 에너지가 1.4배의 태양 질량과 비슷하기 때문에 Ia형 초신성 역시 일종의 표준촉광으로 간주된다.

⑲ '빅 립'은 우주 종말의 2가지 가능성 중 하나다. 다른 하나는 '빅 칠Big Chill(심한 추위)'이다. '빅 칠'이 발생하면 우주가 영원히 팽창하며 모든 에너지를 소진하면 결국엔 어둡고, 차갑고, 활력이 없는 빈 공간으로 변할 것이다.

⑳ 우주 종말에 관한 나의 논문에 관심이 있다면 아래 주소로 확인할 수 있다. https://arxiv.org/abs/1202.4060

옮긴이 **고보혜**

숙명여대 중문과를 졸업하고, 서울외대 통역대학원 한중과를 졸업했다. 대기업에서 통번역사로 일하다가 현재는 번역 에이전시 엔터스코리아에서 출판기획 및 중국어 전문 번역가로 활동하고 있다. 옮긴 책으로는 《세상에서 가장 쉬운 양자역학 수업》《13가지 질문에 대한 과학적 해답》《빌 게이츠의 인생수업》《인생 실험실》 등이 있다.

# 세상에서 가장 쉬운
# 우주과학 수업

**초판 1쇄 발행** | 2019년 6월 24일
**초판 2쇄 발행** | 2021년 4월 20일

**지은이** | 리먀오, 왕솽
**옮긴이** | 고보혜

**발행인** | 김기중
**주간** | 신선영
**편집** | 민성원, 정은미
**마케팅** | 김신정, 최종일
**경영지원** | 홍운선
**펴낸곳** | 도서출판 더숲
**주소** | 서울시 마포구 동교로 43-1 (04018)
**전화** | 02-3141-8301
**팩스** | 02-3141-8303
**이메일** | info@theforestbook.co.kr
**페이스북 · 인스타그램** | ©theforestbook
**출판신고** | 2009년 3월 30일 제 2009-000062호

**ISBN** | 979-11-86900-89-5 (03440)

이 도서의 국립중앙도서관 출판예정도서목록(CIP)은 서지정보유통지원시스템 홈페이지(http://seoji.nl.go.kr)와
국가자료공동목록시스템(http://www.nl.go.kr/kolisnet)에서 이용하실 수 있습니다.
(CIP제어번호: CIP2019022126)